Sudoku Travel Book For Adults

Easy To Medium Levels

9x9 Brain Games Sudoku Puzzle Book For Grown-Ups , Seniors , Adults And Perfect For Traveling.

Copyright 2019 © Novedog Puzzles

All right reserved.

Table of contents

Easy 1	1
Easy 2	26
Medium 1	51
Medium 2	76
Solution	101

Easy 1

		2	4		3		7	
9		7	6					
			8		3		2	
	9	6		4			1	5
	6	8		5	1	9		
	1	5		7	9		4	
7				1		4		
			5					8
8	5		3		7	1		9

①

				6	2		5	3
	6	5				7		2
	2	7	9		8		1	6
				6	9	1	4	
		4			5			8
		6	1	3		8		9
		9					6	7
						8	9	4
		8	4	9	3			

②

Solution on page: 102

Easy 1

③

	8	2	3			4		
4	9		8			7		3
5		3	4		1			
9			1		2			
8			6	9				7
		1			7	2		
			2	3	4	5	6	9
		4	9		8		7	1
				1	6			

④

8			5	3	9	4		7
	3	7	1		4		9	2
5				2			1	8
	9					6		
			9			8	7	
4	8	1		7				9
1		8	4				3	
9		4	3	5		7	8	
				7				

Solution on page: 102

Easy 1

Puzzle 5:

6	8						7	
	3	5	6		9	2		1
	2			8		5	6	
5		1		9	2	7		
3			5		4			
8		7				9		
	1		2			4		
		3	9		7		2	6
			4	5	6		3	9

Puzzle 6:

3		1		2				
5			7	3			1	2
2			6	4				
	3					7	8	6
9			1		3			
				7	6	1		
7	9	4	3				2	1
	1	5	8	2		3	9	
			9				5	4

Solution on page: 102

Easy 1

⑦

9	3	7	2	8				
					6			7
		6	1	5		7	9		2
6							1	5
	7	9						
			7	3		6	2	
		8	4		3	2		
	2	6		5		4	7	1
		5	1		2	8		

⑧

		4			7		5	
	3			4				
	9	2		1	5			
	8				2			9
	6		1	9				7
	2	9			6	8		4
1	4	3	9	8		6	5	2
	5			3	4			
9		6	5		4			

Solution on page: 102

Easy 1

9

	7		1			8	9	
	4					1		
2			4		9	6		
5	8	2	7				1	
1	9	4			6			3
3								8
	5		9			8		
9		8	2	5	7		4	
4			3	1	8		5	

10

			8	9	3	7	5			2	

8	9	3	7	5			2	
		7	2	8		4		
1	4					3		
	6		3	2	5		1	9
			6		9			
		7					6	
7	1	4	9		2	6	5	
		5		8	1	3		
	8					1		

Solution on page: 102

Easy 1

11

				1	5			4
			6				1	7
	1	8	9			6		
	9		5	3	2			8
7	5	2	4		8		1	
8		3			1		6	
2				5	9	4		
	3	9					2	1
1			3					9

12

8	6				5			
			6					2
2				3	7		8	
	3	6	8		4			
		1		6	3			
4			5	1		6	9	
6	1	4		2	9	7		
3				8		9	6	
7		9	4		6	2		

Solution on page: 102

13

1		3		7	5	4		9
7	5	9	4			2		
			6				5	
		6	7					8
8		2	3		4			
	9	7	1	8	6	3		2
			8	6	1			
	8	5	9					
6	2				3			

14

	2			8		3		
5	3			1		4		
1	4							
			1	9	8	7		3
		1	5	2		9	4	
	8	5		3	7	2		
7	9	3	8					4
	1			4	2		7	
		2		7	1			

Solution on page: 103

Easy 1

(15)

	8	1	2					
	3				4	5		
		6	1		8		4	
6	2	8	7	9	5	1		4
5			3				8	
3			4		2		7	
8	7			4	9	3	2	
	6		8		7			
				3		8		

(16)

4	8	6	3		7	9		
5		1						
2		7				4		8
6	2		1			5	8	
8	1	9		5		3	4	7
				8				1
1			4		9			6
	6				5			
3			8			2		5

Solution on page: 103

Easy 1

17

		5		2			4	3
2		4			8			
	8		7		5	2		1
			9	1	7	4	3	
					4			2
			8	3				7
1				7	6		8	
4	5	7	2		3			9
8		6	1		9			

18

	5			3	7			
1		3		5		4		9
8		7						3
	4	1	5	7			2	8
	8		3	1	2	9		5
	3	5		8	9			
		8					3	4
5	7				3			
		4		9				2

Solution on page: 103

Easy 1

(19)

	2			5	4			
	9	6	3		2		4	
			9	7		1	2	
2	5			6	9		3	4
	7						1	5
6					5	7	9	2
				9	3			1
8	1						5	
	6	2	5	8			7	

(20)

	6			3		2	5	4
			4			6		
	4						1	
	9		8	3		2		
6	7			5	4	9		
2				7		4	6	3
	2	6	8			1		5
3	1				9			
5	8		3		2		9	

Solution on page: 103

Easy 1

21

5			8			6	4	
					2		9	3
	1			9			8	
9	2			8		3	6	
	6			5				8
7		8	9		3	2	5	1
4								6
2	3	6		7	9		1	5
			6		5			

22

	6			2	9	5	4	
4			1	7				3
	2	7				1	8	9
			9			2	7	
3	9	2						
			5	6	2	9		1
8					1			
9		6	2		3		1	4
						8	6	5

Solution on page: 103

Easy 1

23

		6	3	2	7		8		
			1		3	8			
	2	8	9		1	5		4	3
		7	5		2	6			
				5					4
		3		8	4	7	6	5	
1					5		4		
							9	8	
			7		8	2	1		5

24

			9					7
5		6	3			2		
	2		1	8	6			
6	4	9		1	3			8
		3		6	8		9	4
1	8				9	3	6	
		8				7		6
	6		8		7			
			4	1	8	2		

Solution on page: 103

Easy 1

25

1	2	3	7	4		6	9	
	8		1					
		7	2		8			3
7				2		4		
	3				1		2	
2	6					3	8	9
		2			6	5		
8			4		7	9		2
			9	5		8	7	

26

		6						7
1						3	5		8
9	2					3	4	6
5			7			9	6	
	6					2		5
	9	8	6		5	4		3
4						6		
6	5	2				7	3	4
		3	4		2		1	

Solution on page: 104

Easy 1

27

		5			9	4		
	9	8		7	6	1	2	
6			5					
		6						
2			9	5			4	8
4	8		7	6	3	2	5	1
7	4	2		8	5	3		
			3	2		5		4
			1					

28

		6	5	1		3		8
5							2	
4								
				2	9	7		
9	7			6			3	
		2	3		1	9		5
3	2	9	1		6		7	4
	5	8	7	9	4	2	6	
				3				9

Solution on page: 104

Easy 1

29

7	9	3	4	8	5			
1				9	3	8		
5	4					3		
	7	6		4		3	1	
	3	1						
4	8			3		6	7	9
	1						9	3
8				9				
	5	9		1	6		8	

30

4	5					7		
		9			5	3		6
		6					1	
2	7			1	3		4	
6	3	4	2	5		9	7	1
	1	8	4	6				
		2	5	9		1		
			6	8		2		4
			3	7	2			

Solution on page: 104

Easy 1

31.

		5	9			6	3	8
	6			8	3			5
		8	6	5				
					1	3	4	
9		1					2	7
	5		2	4		8		
		2				1		4
		3	4	7		9	5	2
8			1	2			6	

32.

6	1	8	9		4	3	2	7
				1			8	
	7		3			6		1
1	4		7			9		5
				9		7	1	
						4	6	
5				3	9		7	
3	6			7				9
	9		1	4		5		

Solution on page: 104

33

4						1	6	
8		2			5		4	9
						3	2	8
1		5	3	2			9	7
	7		5		9	2		4
		6		4				
2					4		7	
	8	9	2		7			1
7	1					8	5	

34

	8	4	9		6		2	
5	9	6	7			4		
1								
4		7				1		2
3		2		1	5		4	
9	1	8		7				
		1		8		2		5
8	4				9			7
2		9				8		4

Solution on page: 104

18 Easy 1

(35)

					8	2	7	9
								2
		3	1	5	7	8		
1	6			2				
5	3	2		4			1	
	7				6			
4	2			3		6	5	
		5	2	6	9	4		7
9			5		4	1	3	2

(36)

	2		1	8				
			3		7	9	8	2
9	3		2	5	6	1	4	
	7		5	6	4			
2	8				1		6	4
		6		2			7	1
		7		3				9
			8		2		3	
	9			5				

Solution on page: 104

Easy 1

37

4		1		2	6		9	7
	2			7	9	1		
	5		3				8	
				6	5	4		
	3		4			5		8
	4					7		
9			2	1	7	8		3
		3		8	4	7	2	
	7	2				6		

38

				9	6	1		8	7	
				5						6
			6				2	4		5
			4		9		3	2		8
		5		2		8			3	9
			8		2					
			5	7	8		1	9	2	
				6	4	2				
		8	2		5			7		

Solution on page: 105

Easy 1

39

	5	6	7	9	1		4		
	9				3	8	2	6	
			8			4			9
	1			2		7	9	3	
	7					1		4	2
	2		4	8		5		1	7
		9				3	7	2	
								9	
	4						8		6

40

3					1			
			3					5
	2		7		5	8	6	
	1	8	9	6				4
2	5	4	1					
		3		4	2		8	
	8	2	4			3		6
1	3				7	9	4	
9	4		8			5		

Solution on page: 105

Easy 1

41

		9			1			
	6	5			2		4	
1		4	5		9		6	
	4		7					5
	9			1	8	6	4	
6			2	5		7		1
3					7		6	
		6	4	8		5		7
4	7			9	5		1	

42

1			3	4				
2			1	5	6		3	9
		3			9	8		4
	9	4	6	2	1	5		3
	6		2		3			
							1	2
			9		4			1
	2	1				3	4	7
	7	5		1				

Solution on page: 105

Easy 1

43

	7	8		6				
	9			3	1	5	6	8
		5				7		9
		7	9	2	3	6	8	4	5
	2	4					3	1	
		6			2	3	5		
	3	9				1			8
	5	1		7					4

44

9	8	1				2		4
5	4		8					7
7	3				4	1		
	7	3					8	
		9		3	7	4		
6	2			1	8	3	7	
3		8			2	7	4	
2			6					3
						6		1

Solution on page: 105

Easy 1

45

			9		5		6	
1								
	2		4		1	9	3	5
6				8	2			7
3		7		9	4	8		2
				2			6	
4		2	7		8		9	
	4	1						9
2							7	
		6			9		4	8

46

	5		2	6		4	8	
	6	9			4		5	
8	4		1		5		3	
		6		1	8			
5	8		9	2		7		
	2			4	6	8	9	
6						2	4	5
	7			5	2			
	3					6		

Solution on page: 105

Easy 1

47

	7		2	6	5	8		
4			1				2	
5		8	9			1	7	6
						7	3	
		6						
	4		5		2		8	1
		5	4	9			1	
6				2	8	5	9	4
2	9	4				3		

48

	7		8				9	5
8		1			9	6		2
			4	6				
3			5				1	9
9						3		4
2					6	5		8
6			3	9	7	4		1
		9					3	7
	4			8	2	9	5	

Solution on page: 105

Easy 1

49

	8		3	4		2	1	5
			6	2	9	4	7	
	7				8			
5			8					
	4							3
				7	3	5		1
8		6			2		5	
4	9	5	7	8				
7		2	5	6	4			9

50

				8		2			3	
					9			6		7	1

				8		2			3	
			9			6		7	1
		6			4				2
			2	7	3	9	6		
	8	3	6	1	4	5		
9		6		5			4	7
1	2	5	4					
6		7		9	5	1		
	9				3			

Solution on page: 106

Easy 2

51

		3		4	6			8
				3	9			
		6			7	9		
	4		5			6	7	9
9	7		4	6	1			5
5		2				8	4	1
			7				3	2
		4		9				
	5			2				

52

	3	1		2	8	7		
4			7				6	5
		5	4	9	6			
		6			5	2		
7	1		2	8	9		3	
5	2				7		8	
	5	3	9					
1			6	5				
				3				

Solution on page: 106

Easy 2

53

1		9	4				7	
3		4						
	2	8	1	5			6	4
	9		2				4	7
	7		3		9			6
6			5			3		
				2	8	6		1
2	1		6				9	
			7	1				

54

	9		3	5		6	8	
7		1		4	8		3	
				6				
		7	1	3			9	
6	3	5						2
1		9				3		7
		6	8		5		2	
5	8			1		9	7	

Solution on page: 106

Easy 2

55.

	3		9						4
						7	5		1
			5				9	6	
		3		2	6		4	5
7						8	3	2
	2	4	8	1	3		9	
	5	1						
2				5				8
	6	8				7		

56.

9	6			8	7	3		
2						9		
7		4	1		2			
	2	1					3	8
3	4					1		
5				1	4	2		7
						5		2
		6			1			3
4	7		5				1	

Solution on page: 106

Easy 2

57

			1	8	9		5	
	3		2				7	
	1			6		2		
				8			9	
			9			1	5	
	9	6	5			7	2	
1	2	5		7	6		3	9
3					9		4	
9		4						

58

		9				8		
5	8							2
	7			9	3	4		
		7			8			9
	3	5					6	7
9	1	6		7	2	3		
	6	8						
		4	1		7		3	5
		1		3			2	

Solution on page: 106

Easy 2

(59)

		5	2	7	9			
9			6		8			5
2	3			4		8		
		1		2				
			4	1	5			
	7		8					
5		3	9	8	7		2	6
	2					1	7	
		4				5	8	

(60)

8	7			1		9		
			7		5			
	4		8			3	2	
		3	1	2		7	9	
		2			8		1	
1	9		5					
3	5	8						
	1	9				8	7	
7			9			6	5	

Solution on page: 106

Easy 2

61

	9							
				6		1		8
8			3		1	9		
	6	5	7	2				
9			1	5	6	3	7	
3		7	8				1	6
2		1	5					
		6	9			4	8	5
		4			8			

62

1			9	6	7	3		2
			4					
			2		8			
9	7	8			4	2		
			1		6	8		4
			8				9	3
7		3	5	4	1			
	4		7				3	1
	9					4		

Solution on page: 107

63

6		7				9		4
	3						7	
			1					3
4		1	5		7			
3	7	5	6					
	6	2				7		
	2			3	9	8	5	7
				8	1		3	
9		3		6	5	4		

64

	1		2		3	4		9
4	2	9			1	6		8
							5	1
8	7	2						
		6	8					
		4			9	7		
7		5	1	8			9	
		3	5					
		1			2		6	5

Solution on page: 107

Easy 2

65

			2			3		4
5								
6	2		7				9	
		4	5				6	
					7			
	6			8				
		8		5		4		6
		9	4	3		1	7	
	4	6	8		1		5	
8	7		9			6		

66

	5	6						9
	8			2		5		7
			3	9	7			5
			4					
	7					2		5	1
					5		4	7		8
							9	8	7	
		8				5	6	2	
		9		8		7	5	1	6

Solution on page: 107

Easy 2

67

5	3		2			1	9	
4	7	2				5	6	
		6						8
		7			3			4
	1		5	2	4			
3		5	4		8	7		
			6	5	2			1
		4	7			6		5

68

8	7				1	3	5	4
			8		9	1		2
			3				9	7
					4			
4			7	6	3		2	9
7		5	4			6		3
		4						1
		7	2					
	3	1			7			

Solution on page: 107

Easy 2

69

			9				7	3
		3		6		4		9
2		5			4			6
3			7			2		
8	1			5		6		
			1	4		9		
9					8	7		
5			4	9		1		2
7				2	1			

70

	8	2	4					5
4			7	8			3	
9	5	7				6		8
7					9	5		4
1	4		2					
	3	9		1		2		
		4		5			8	9
	7	8						
			6	7			2	

Solution on page: 107

Easy 2

71

	4	9						8
	6	2	5			1		9
5				7			4	
	7				1	4		2
	8		3	7	5			
1	2	5	8	9			6	7
				8				4
8					2	9	3	

72

9		1	2		5		8	
			9	8		2		
		3		1		5		
8			4	2				
			8			6	5	1
	3	9			7			
3		8				1	6	
		5		9	8	3		
		4	3		6			

Solution on page: 107

Easy 2

73

4	3		9				2	
8	2			4			5	
7					3			1
6		8		7	4	2		
		3		9				
						5		
		2	4	3	9		8	5
		5			8		1	
		4	6		5		3	

74

	2	9		1				
	6			4			1	
	4						7	
	1	8	5		4	6	2	3
3			6		1			8
	5					8	7	
			8	3	5			
	8		2		9	1	6	
4						8		

Solution on page: 108

Easy 2

75

	9	1			3	5		
	8		6			9		
7		6	9					4
8				7			4	
	3	4	8				1	2
							5	
	6	9	2				8	
			5	9	8	3	7	
			4	3		2		

76

	4		7	1		2		
		3						8
			3	4		6		
3	8	6						9
2			6		1			
9	1					7		
4				5	6		2	
8		2	1	7		9		3
5		1			2	4		

Solution on page: 108

Easy 2

77

				8		3		
		6		1		7		4
	7	5		9	4	2		1
		8			2	9		
1		9				8		2
						1	6	
			5		8	6	7	
					1			3
	9	7		2	6	4		

78

								3
				9		7	8		2
	2						1		
	4				8				
		5	2		3	9	8	
		8		1		2		3	
		2	7	8		5		
8				9	2	7	4		1
5	9			6	1			8

Solution on page: 108

Easy 2

79

	4					8		
5		2		9		6		3
3		8		5	7			
	3				6			8
1		4	2		5	3	6	
2				8		4		5
4	2	7						
8					1	2		7
		1	7					

80

	3			1	5	6		
7	6	5		8				
	1							2
1			6			4		
4	9		5		1		8	
5	7	3	4					
		7	1	5			9	
								4
	2		3		9		7	1

Solution on page: 108

Easy 2

81

2				1			9	
4		8	2				5	
					8			3
	7	5	9	6	3	2		
			7	2	1			
1		3	5			9		7
	8	2					1	
7	1			4				
3				5	6			2

82

4	9					5	6	
				9		8		4
						2	9	7
					6	1	5	
	5						7	
	6			5	2	9	4	
			3	8	1			
		4	9	3		5	8	
				6	2	9		1

Solution on page: 108

Easy 2

83.

1	5							7
7					3		9	
	2							3
			5		9	2		
9		5		3	6		4	
2		8	1		7	9	3	
		7	3	2	8	1		
8			6					
			7		1		5	8

84.

6	1				5	3		7
	4	2			7		1	
		3	1					
	6		3		1	8		2
1				9	2			
	3	9	8	5		1		
	9					5		
		7	5				8	6
	5		4			7		

Solution on page: 108

Easy 2

85

4								
9			1	5			4	2
5	3	7				1		9
7	6			9				3
1			3	6		2	5	
2	5				1			
	1	5	2				9	
3					9			1
			7				6	

86

	7			1	9			
	2	1	9	8				
		6						
7		1		4				6
	2	8			5		1	
9	3	6	7		1			8
						6	4	1
6	9	5				8		
1		2					3	

Solution on page: 109

Easy 2

87

		8					2	5
		9	5	8		1	6	7
	1	5	2					3
			6		4			
				9		4	3	
				2		7	1	8
			9	5	1	6		
	5	7						
6		1		3			8	

88

	1	3					8	6
8							9	
		7	9				3	
1					3		2	4
				5		1	6	
	3		6		1	9	5	
4	6		8			3		
			1		2	6		
			4	6	2	7	9	

Solution on page: 109

Easy 2

89

			5			6		9
	9			1	7	8		
	3		9	6				5
3		5		4			9	
	6	7	3		1			
		9	8		5			
	5			3	8	9		1
9			6					8
		4						2

90

	5			9		1	7	4
8	6					9		
		4	7			6	8	2
	9		1	2		7		3
							5	
	4	5				2		1
	3		8	6	2		9	
	7		9		1	4		
2								

Solution on page: 109

Easy 2

91

2		3	1		9		5	6
		1	6					
5	6						3	
6	4		3					
				4				2
	2	5	9		8			
				9		6		
1		2			6			9
	9	6	4	5	3		1	7

92

	7	2			4	9		
1		5	6	8		2		7
			5					
	4		7		3			
	5	1	8				6	
			1	9	5	4		
7					8		9	2
	8			5	1			
	2	4				3		8

Solution on page: 109

Easy 2

47

93

5		9	1	3		6		
			7	5			4	
	8		6	4		1		5
6				9	3			
1		4			6			2
8					7	9		4
2				7		8		
					1	4		3
		8		6				

94

8			7				4	5
	9		8			1		
	4	5		6				7
			2		6			8
	6			1				
			4		3		2	
	1	3			8		9	6
	7			2			5	
				3	9	4	7	1

Solution on page: 109

Easy 2

(95)

2	7			8				6
						9		
6				5	7		3	
	6	9				7	1	
5		4		7	8			9
				1			5	
9	5	7		3		2		
	4				2	3	8	
		8		6				4

(96)

	2		9	1		8		
8	9		5	4		6		
7		4			3	2	5	
9	5		3		6		2	
						7	9	
							3	
4						5		
	8		2	5		6		3
6			7			9		

Solution on page: 109

Easy 2

97

			6			7	3	
					7			1
		7	1	3	5	2		
	1		2	6	9		7	3
	8				4			
					1		6	4
7				1		4	5	
4			8					
1	3			4			8	6

98

5			9		2	1	4	3
	3	4				6		
		6	5		3		7	
						7		
				7			2	6
	1		6	8		4		
3					8		1	
				5	6	3	9	
	9	4		3		8		

Solution on page: 110

Easy 2

99

	7	8			9	1	4	6
		9	8			3	7	
				6	1	9		
3		7		1	6			9
	8				5			2
							3	
	5		1	4		6		
	4		6	5	7			
		6				2		

100

2			9				1	
		9	6		7			
6		3	1			5	9	
	2			4	1	8		
					5	2		9
7	8			9				5
8					9		5	7
	9		5	8			2	
		2					1	

Solution on page: 110

Medium 1

101

		5			6	4		
					5	1		7
3	8		2			6	9	
	9	2	7	1				
			5	6			2	
8		6		4				
6	3	8		2				4
				3				
			6		4		7	

102

					6	9		
					1		4	
			3		5	8		6	1
			8	5				6	7	2
				9	3		8		1	4
				2		7			3	8
							5			
		2				7	1		4	
								2	9	6

Solution on page: 110

Medium 1

103

5	6					7	3	1
	3		5	4				
			6			4	8	
			4		8		2	
	4	2	9	1				
						8	4	7
		9		8			7	
	8		7			2	9	
	5				6		1	

104

4	9	2		8				
					3	4	2	
1				7	8		6	
3	1			5		6		
		9						
6			4	7	3		1	
	2							
5				3		2	8	
7				1	2	5		

Solution on page: 110

Medium 1

105

		4			9	1	6	
7							2	
		2					7	
	1		2		3		4	6
6	3	5		7			9	8
4				8				3
	9			7				
5				2		9	8	
			1			4	3	

106

7	8	2	6			5	9	4
9				5	2		7	
		5	3				6	
	2			1				
	9					7		2
1	7					3		6
5								7
	6							
				8	5		1	9

Solution on page: 110

Medium 1

107

4	9		6	3	8			
				1				3
	7	8			9		1	
		7			5	3		
9		6	4		7	2		
	5		3	2	1			
	2				3			
1			5				3	2
7						4		

108

				4	2		6	1
		7					8	
6	3	1	8			2		
		9					3	
3		2			8	4		
8			5					7
			6					3
	8	4					1	6
		3	9	5			4	2

Solution on page: 110

Medium 1

109

9						3		7
		6	3					
2			9	8			5	6
	2		8	9				4
8	6						3	
		5			1	9		
6	1			3				5
	3		6			7		
4			1	2		6		

110

		9				7		
	3	1	2					4
	6	5	8					
				4				3
9	1	4	5					
	2			7	8	4	5	
3								7
	9	7			6		8	1
	5		7				4	

Solution on page: 111

Medium 1

111

9	4		7			1		3
8				5	4			
6				1			9	
		4		3	9		2	7
			2	4				
2	5				7		4	
				7			3	6
			1		5	7		
	2			9				

112

	6	1		8		3		
	4	5			2	6	7	9
3			4			2		
			6				8	
	8							
9				7		1		4
1		2					5	3
		4		1	5	7	9	
				3				

Solution on page: 111

Medium 1

113

9	5			6		1		
3		4					8	
	7		8			3		
	4		9			6	3	
		1		4		5		7
			7	8			1	
	1	9		3	8		5	
			1				2	
5			6					

114

		3			8	2	6	
				9				
				4	1			7
4			5		7	3		6
3							5	
5	8				3	7	9	
8						6	2	
2	1		9				4	
	3	6						5

Solution on page: 111

Medium 1

115)

	6	3	2	8	1		9	
	4						5	
		1				2	3	6
	2		4					
7								
3	1	4	7	6	5	8		
	3		1		8	5		
1			3	5	9			
	5							

116)

9		4		8			1	
			7			5		
		5	6	2		9		
		9	1				6	
	7	2						1
	5	1	4		9	8		
	9		8		7		5	
	4	8	9		6		2	

Solution on page: 111

Medium 1

117

5			3					6
		6		4				8
3		8				7	1	
	4	7						
6			8			3		7
	1		7				6	2
				2	4			9
		9	6		2			
2				9			7	3

118

		7					2	9
	2	5			6		1	
	4			2	1	8		5
			9		2			
	5							1
7	8	9					4	2
				6			9	
		1	3			2		7
5			1		4			

Solution on page: 111

Medium 1

119

	4		7	1				
		5		4	9			7
	9							
		9	3	6			8	1
			9			2	4	3
	3			2	1	6		
1			4			8	3	
	7			3			2	
		3	6		5			

120

2					3	9		
				8		1		
7	6			1			2	
3			6					
6		5	7			9	4	
		7		9		2		
	5			1				3
	8				9	5		4
4			3	5				9

Solution on page: 111

Medium 1

121

		1				6	4	
			4		2		9	1
	2		9		3		8	
	6	8		2				3
			5			6		
1	3	7	6	9		8		
			3	4	7			
4	1	3						
		9						

122

	8	9		1				
5						9		
	3		9	6			7	
						2	5	
4	2	5					3	
3				2		1		7
		2	4			6		3
9	6							2
8				3		6		1

Solution on page: 112

Medium 1

123

			3		2			4			1

3		2			4			1
			3		9	2		
	9	5					6	
	5	8		3		1	2	9
7		9						
				5	8			6
			4	9		6	5	
				7				
	7		8				9	4

124

	5	4	2				1	7
	9	2				3		
1	7					8		
3						4		
		7	8		1		9	3
	6					2		
9				2				8
		1	5	4	3	6		
	2					1	3	

Solution on page: 112

Medium 1

125

							1	
	6			9			7	
		1			2			
6			2			3		
			7	5			4	2
	5	3	8	6			7	
	3			2	8	7	9	
1					5		6	
4	9		3			2		5

126

7			4				8	3
		6					7	4
5					3			
9					7		2	
4	3	7						6
		8	1		6		4	
6		3				2	4	5
	7		9					2
			3			8	9	

Solution on page: 112

Medium 1

127

5								
		7			5	6	3	
4	2		1	7	3	5		
1			8			3		4
2						9		
	4					1		
8	6				9	4	5	7
7			5	2	4			3

128

	9		4	2			5	
7			8		2	3		
	5		9		4			
		7	1				9	8
5				9	3			
	2	9			7			
	7	6	8					
			4		6	2		
		1	2	9			7	

Solution on page: 112

Medium 1

Puzzle 129:

		2	1	6	9	3		
		5		2	6			
7	6	9					1	
	7	8	9				6	
9		3	5					
			8	2				
4	8				7			
								1
2	5			1		4		6

Puzzle 130:

9		3	6	4			7	
4					7	9		
		6		1	9	5		
7		2						
		5						4
	8	1	4	6	5	7		
			7	3		4		
8								
5					9	4		8

Solution on page: 112

Medium 1

131

	6			4		2		7
	7	2	5	8	6		1	4
								9
	2				8			
		3					4	
8			7				2	5
				9			6	
	1				5	4		8
	9	8			1			3

132

	3	4	1		5	8		
			2	9				4
	8		3		7			6
		7	5	3			6	
	6			2				
			9				5	
1						6	7	3
					3	4		
	4		6	7				1

Solution on page: 112

Medium 1

133

	7		9				4	
					4	5	2	
4	6	8				1		
				7				
		9		5			6	4
1		6				8		
		4	2	6	9		3	
			3			2		
6	2		5	1				9

134

8						6		
				8		5		7
	6	4	2	1		3		9
2						8		
			8	7		2		6	1
					5		4	9	
			5	3	4			8	
				7				5	6
			8				7		

Solution on page: 113

Medium 1

135

		7		4		6	1	
		8	3	9				2
	9		2			5		
7			9		8		4	
9				6				
8	2		1	5		9		
5						1		
		9	4		7			
1						7	3	

136

6	8		4			5		
		9					6	
			6	5	9	1		
4				6				7
2		6			8			
8	3		1		5	2		
				8	4	7		
1		5	2		6		9	8

Solution on page: 113

Medium 1

137

3		1						
			1					6
2				8	5			9
6				1			5	8
	2	9	7	3				
		8						
	6	5	8	4	7	3	9	
7		2	3			5	1	
			2				6	

138

			4			7		9	6		3

4			7		9	6		3
					6	3		
9		7					5	6
	2		8				9	
	6				1		3	
3			4		8	5	6	7
7								
6	5		1	9		3	8	4

Solution on page: 113

Medium 1

139

			2	8		7	4	
			5					8
1			7					
8			1		3	6		7
			6			4		9
4				9	5			2
3	1	5		7				
	9			1		3		
	6						2	1

140

		1						
4				1	9	3		5
	3		8	6			4	9
			1	2		9		7
7	6					8		
	1					6		
			6	3			9	8
1		3	9		4	6		
				2		1		

Solution on page: 113

Medium 1

141

	6			8			1	
	1					8		2
						4	3	
		3			9			
3	8		7					
2		7	9	6	8			
	9		4	5		2		
4					2		5	9
	2	5	6					8

142

3				2		8	1	
					8			2
	9	8		6			7	
	7			8	1			4
		1				2		
			5		3	7		
		9				3		
				1		8		
1	5	4			2	3	8	9

Solution on page: 113

Medium 1

143

7			5					6
4	5	3			8			9
6				7		4		
				2				
					7	2	1	
2	7		1		4		3	
					3		9	5
	9		8	1		3	4	
	2		4	5				

144

		3	4			6	7	1
1			7		8		2	
	2		6	3				7
	6	8			4			
9								6
2	4				6		5	
			2			9	4	3
5		9			7	1		2

Solution on page: 113

Medium 1

145

			2	1			5	3
	4		7	3		9		
					7			
	8						6	7
5		6		7			8	
				9		5	4	
6				5				2
7	3	4			1			5
	5		6		3		7	

146

	5	8		6				
6			7					2
			8			1		7
		9		5		2		4
2	4	7		1		6		
						9	1	8
8			2				5	1
		2	3		6			
					1	3		

Solution on page: 114

Medium 1

147

	6	2		3	9	5		4
3				2				
7	1		5		8			2
	7			1				
			8	5			2	
								6
9	3		4		5		8	
5					1	4	3	
		1		8			9	

148

	2			8				
	8	5						2
	7	4	5				1	
8	3	2	4					9
4	5	6						
	1			5	3			
				3		9	4	
3					6	7		
		1		2	4			6

Solution on page: 114

Medium 1

149

				7		8	3	
9								
5				4			1	
	6			3				4
1	4	7				8	5	2
6		2				4		1
	3		8					
8	7	6	1	9	4			
		9	6					

150

	5		7	4		1	8		
	8					3			7
					7	8			5
	2							5	1
			5	7		2		4	
				4		3	5	7	
		3	8	5			2		
	4				6				
	9							5	8

Solution on page: 114

Medium 2

151

		3					6	
9			2				3	
4				3	9	5		
6				7	4		5	1
7		5			8		2	4
			4	9	2			6
			6	5				
	8			6		7		
							1	

152

	7	4		8			1	2
				4			9	
	9	5	6					8
2	1			5	6	3		
7	4		2				6	5
			4	3				1
						6	7	
5			1					
9								

Solution on page: 114

Medium 2

153

		5	8	4	2	7		
			5	2	6			
	2					8		
7	6			3				4
	8			4		7	3	
5				7			6	9
					1	4		2
1							9	
8					3			

154

3			1					
8		1	5		6			3
			9	2			7	1
			4					
		9		7	5		1	
			2		9			6
	3				4		5	9
		7		9		2		
				5				8

Solution on page: 114

Medium 2

155

7		4		3			5	8
				4			3	
3	1	2			6		4	
		6						
						4	8	7
				9	4	3		6
						1	7	4
	8	9			2	5		
4			5					

156

	3			5				9
4		2				6		1
5						3		
		8	3			7	1	
		5	9					
		3		7		9		
8	1			2	9	4	3	
	2		6	4			8	
				7				

Solution on page: 114

	8	7				2		4
4			8					
3		5	2			1	8	7
	1	8			7			
5	9	3				7		
					5			1
				6		4		
				5	3	6		
			7				1	2

157

		4						1
	7	5			3	2		
				2				
	6		9		4			7
			5		2	8		
		2		8	1	5		
						4		
6	4	7	8		9		5	2
2							9	

158

Solution on page: 115

Medium 2

(159)

	9	6	3	2				
4					1			8
		3	1				6	
		4						2
	7		5		2		1	
				4	5		8	
5	3	8			7	9		
			9			7	5	6

(160)

6	9	1						
		5		7				
8						2		
		8		9	3			
1	5				6			
4	2	3			5	1	7	
9	8					4		
			7					6
		4	5	6		2		8

Solution on page: 115

Medium 2

161

							9	5
3							9	5
				9		3	2	
	2		4					6
				6		1		
1		5	2					7
		6		1		2	5	3
		8	3			6		
2			6					
7							1	4

162

	2				8		3	9
				9	2		7	
	3			6				5
		5		4	2		1	
				5	9			2
		3			8	6		5
					6		8	
			6					1
9	5	8	1					

Solution on page: 115

Medium 2

163

	4		9					
8		3			6			
				3		4	1	
9			6	7				5
	3				8			
			5		3	1		8
2		6	7	8			3	
5		4			1			
	1				9	6		

164

1	9		4					
5			7					
		3		8		7	9	1
		5				6		9
	6			7		5		
9		4		1	5	8		
		1						2
		9			8			
			1	6		9		8

Solution on page: 115

Medium 2

165

9	4	1	5					
8		7			2			
2		5	8		4	7		
7							5	
	2	6				3		4
				5	9		8	
	8					4	3	1
	7			3				
			2					

166

2	8				3			6
		7						
3	5							9
	1				6	4		
4			7		9		2	
				8	2	9	6	
	9				1		3	7
				3		8	9	
			6	9				5

Solution on page: 115

Medium 2

167

	6						8	7
3								
1		8		6		4	3	
						1		
	4	3	9					
	1	6		2	5	7		3
	7				8			
		2			1		7	8
		9	6		4	2		

168

		2			6			
2		8		6	4	1		5
5		1		8				
4					7			
			7				3	
3	1						6	
8	2				5			
				2	3		9	8
	5		4				1	2

Solution on page: 115

Medium 2

169

1			7	4				
8	5	7			9	1		
9	4							2
		5		6	3	2		
			4			5		
				5			3	9
		9			7		2	1
		6				3	9	
	3					4		

170

				8	3		4	
		1						7
		3						
				2	6			
9		6	1		8		3	2
5					7			
	9		2	8		5		6
		8		6			2	
2		1					8	4

Solution on page: 116

Medium 2

171)

						2		
3	9		2	5		8		
8					7		6	
	5	7	4		1		8	
							5	
4					5			7
		9	8		2		4	6
	3		5				1	
	2		1			7		

172)

7	5			2	6			
4						6		9
8	7	6			3	1		5
	9			7	1			
1		2		8	5	4		
			1			9		3
			9		2	7		4
		7						

Solution on page: 116

Medium 2

173

		8		7			6	
4		5	9					
							7	4
1	6				2	8		
			6		4		2	
			8			1	6	
				9	6	3		7
3	9				1	6		
		7	2	3				

174

	1		2			6	8		9
				2		9			6
			6			5			
	9			5	3			4	
				9	4		6		
3				7					
7							3		2
6	3	1					8		
		9		3					

Solution on page: 116

175

3			2	8	6	9		
		8		1				
1					9			2
5		6		9			1	
2		9		3		8		
			5				9	
						5	7	
	8			6				4
	1	2	8				6	

176

		3				1		
4	8	1		9	7		3	
7			3			8		
3	5			8				1
2	9			1	3		6	
	1					9		
8								3
			2	7		6		5

Solution on page: 116

Medium 2

177

		9	6		2			8
5		2			7		1	
							6	5
2	7				5			1
		8			4			
					1	9		4
		1						
9				1	6	5		2
	4			2				6

178

		2				1	7	
6	4			5			2	
				2		9		4
	8			3		7		1
			1		4		5	
		9						
	7						4	
1		4		2			3	
2		3		4		9		8

Solution on page: 116

Medium 2

(179)

5	1		8			3		9
		2					4	
7					4			5
				3			8	
8			4	6	7			
			9	8	1			
	2		5	4		7		
3	8		7			5	2	
				2				

(180)

					9	1		
8			1		7		4	
	7			5				
			9			3		6
6		3		5				7
7		8				9		
2			5					
	6	7	3		8			
	8	4		1	7	2		

Solution on page: 116

Medium 2

181

		1		2		9	5	
		2			9	8		6
9	4		6		1			
		7	8			3		5
6				1			4	
5					7			8
				6				
				7	8			
3			2		4		7	

182

	8			5				
				3	8		1	4
					7			8
	5							1
3						1		4
7	1			4			5	2
		9			3	2	5	6
		4				8	2	9	3
					6			

Solution on page: 117

Medium 2

183

	4	3	5		2	8	9	
9		1	7	8			4	
7	8		9				5	
8								
								3
3	2		4		1			
				4			6	1
			8			9		
	9			5			3	

184

		8						
		7	9		5			1
	4	5	3	7	8			
		4		5		2		7
					7	9		
8					6	5		
2			1	8				6
	8			6				
			5		9	3		2

Solution on page: 117

Medium 2

185

	1	9			3		4	
				1				
		6	9	8				5
8			1					
9	2	1			7			
				6			2	1
	9							7
	4	5		3		8	6	
1				7			3	

186

				3	2			
			7			9		4	3
			8	5			6	9	
3	6		9					1
1					3	2	7	
					5	1		
7	2			4				8
		5			6			
					8	3	2	

Solution on page: 117

Medium 2

(187)

								5
				7	5		9	6
8			4		3			
	5		7					3
	1							2
	7				8			
7			6	8	2	3	5	4
	4		3					
		6		5		7	2	

(188)

5				9				
	9		6				4	
			3	8		5		
			4	5		2		
		8			7	3	6	
3	8	9		6		4		
			1	3	6			
		5			1			
4		3				7		

Solution on page: 117

Medium 2

189

				1		3		9
6				1		3		9
7	3			8	5			6
1								
4			8		2	5		
					7			8
		8	6				4	2
3		9					8	
		7	1		9			5
	5			7				

190

		2						
				2	5		4	9
		4			9		1	3
7		1						8
				4	6			5
3					7	9	1	
	7				9	8		
	2	8	3	7			9	
		3	8					

Solution on page: 117

Medium 2

191

			4	6	7			
1				3		2		
7	4		8	5			1	2
6	8						9	
		4						
		9	2		8	4		
					1		3	8
4					5	7		1
2						5		

192

7		8		1			9	
					2	8	1	
2	3				4	5	7	
				6				
1			8		7	3	5	
		7			3			
		2		5	6			
					9		8	4
9			1			6		

Solution on page: 117

Medium 2

193

	5						8	
		3				2		
7	6	4		2				5
			5	4	2		7	
2	9		6					
4		1	8	3				
			2			6	3	7
			3		7	9		
5					6			

194

3			9	4	7		2	6	
2	6								4
			5						
		5			3	7		4	
		8	6			5			9
1						9			2
		9	8		6	1			
							8		
			1	8			5		

Solution on page: 118

Medium 2

195

	7	6		3	1			4
		5						
		1					3	9
	1	7	8			4		
	5							6
6	3	9		7			1	
						8		
	6		7		8	1	9	
		8					4	7

196

	9						5	
				6		4		
		7						9
	7	8			5		3	4
3					6			5
2	5	6	1		3		9	
		3		5		7	8	
9					8			1
7							6	

Solution on page: 118

Medium 2

197

					7	1	3	
8	5				7	1	3	
	1	7			6	4		
					8		2	
				5			9	
	8				3	6		2
			2				7	3
		8		3				
1			7			9		4
9		6						7

198

		6		7		2		
		6		7		2		
		2		8		6	7	
3		4			5	8		1
	3	9		7				
					6			
6	1			3		2		
	4	8	3					
				9				2
2		3		4		5		

Solution on page: 118

Medium 2

199

			7	8	9					4	

7	8	9					4	
			9			8		7
		3		8				6
3	7			9	5			2
2				6		9	3	
				3				5
					1			
9	5	2				1		8
		7		5				

200

		5					4	
2	7				3			
	4			9		7	5	6
		9	1					
5			8				9	
				4	9			7
4					8	5		
1		8			4	6	2	
	9	7						8

Solution on page: 118

SOLUTIONS

Solutions 102

1

5	8	2	4	9	3	6	7	1
9	3	7	1	6	2	5	8	4
6	4	1	7	8	5	3	9	2
2	7	9	6	3	4	8	1	5
4	6	8	2	5	1	9	3	7
3	1	5	8	7	9	2	4	6
7	2	6	9	1	8	4	5	3
1	9	3	5	4	6	7	2	8
8	5	4	3	2	7	1	6	9

2

4	1	8	7	6	2	9	5	3
6	5	3	4	1	9	7	8	2
2	7	9	5	8	3	4	1	6
8	3	2	6	9	7	1	4	5
9	4	7	2	5	1	6	3	8
5	6	1	3	4	8	2	7	9
1	9	5	8	2	4	3	6	7
3	2	6	1	7	5	8	9	4
7	8	4	9	3	6	5	2	1

3

1	8	2	3	7	9	4	5	6
4	9	6	8	2	5	7	1	3
5	7	3	4	6	1	9	8	2
9	4	7	1	8	2	6	3	5
8	2	5	6	9	3	1	4	7
6	3	1	5	4	7	2	9	8
7	1	8	2	3	4	5	6	9
2	6	4	9	5	8	3	7	1
3	5	9	7	1	6	8	2	4

4

8	1	2	5	3	9	4	6	7
6	3	7	1	8	4	5	9	2
5	4	9	7	2	6	3	1	8
7	9	5	2	1	8	6	4	3
2	6	3	9	4	5	8	7	1
4	8	1	6	7	3	2	5	9
1	7	8	4	6	2	9	3	5
9	2	4	3	5	1	7	8	6
3	5	6	8	9	7	1	2	4

5

6	8	4	1	2	5	3	9	7
7	3	5	6	4	9	2	8	1
1	2	9	7	8	3	5	6	4
5	6	1	8	9	2	7	4	3
3	9	2	5	7	4	6	1	8
8	4	7	3	6	1	9	5	2
9	1	6	2	3	8	4	7	5
4	5	3	9	1	7	8	2	6
2	7	8	4	5	6	1	3	9

6

3	7	1	5	9	2	4	6	8
5	4	6	7	3	8	9	1	2
2	8	9	6	4	1	5	7	3
1	3	2	4	5	9	7	8	6
9	6	7	1	8	3	2	4	5
4	5	8	2	7	6	1	3	9
7	9	4	3	6	5	8	2	1
6	1	5	8	2	4	3	9	7
8	2	3	9	1	7	6	5	4

7

9	3	7	2	8	1	5	6	4
4	5	2	3	9	6	1	8	7
8	6	1	5	4	7	9	3	2
6	8	3	9	2	4	7	1	5
2	7	9	6	1	5	3	4	8
5	1	4	7	3	8	6	2	9
1	9	8	4	7	3	2	5	6
3	2	6	8	5	9	4	7	1
7	4	5	1	6	2	8	9	3

8

8	1	4	2	6	3	7	9	5
5	3	7	8	4	9	1	2	6
6	9	2	7	1	5	3	4	8
3	8	1	4	7	2	5	6	9
4	6	5	1	9	8	2	3	7
7	2	9	3	5	6	8	1	4
1	4	3	9	8	7	6	5	2
2	5	8	6	3	4	9	7	1
9	7	6	5	2	1	4	8	3

9

6	7	5	1	3	2	8	9	4
8	4	9	6	7	5	1	3	2
2	3	1	4	8	9	7	6	5
5	8	2	7	4	3	6	1	9
1	9	4	8	2	6	5	7	3
3	6	7	5	9	1	4	2	8
7	5	3	9	6	4	2	8	1
9	1	8	2	5	7	3	4	6
4	2	6	3	1	8	9	5	7

10

8	9	3	7	5	6	4	2	1
5	7	2	8	1	4	9	3	6
1	4	6	2	9	3	8	7	5
4	6	8	3	2	5	7	1	9
2	3	1	6	7	9	5	8	4
9	5	7	1	4	8	2	6	3
7	1	4	9	3	2	6	5	8
6	2	5	4	8	1	3	9	7
3	8	9	5	6	7	1	4	2

11

9	7	6	2	1	5	3	8	4
5	2	4	6	8	3	1	9	7
3	1	8	9	4	7	6	5	2
6	9	1	5	3	2	7	4	8
7	5	2	4	6	8	9	1	3
8	4	3	7	9	1	2	6	5
2	8	7	1	5	9	4	3	6
4	3	9	8	7	6	5	2	1
1	6	5	3	2	4	8	7	9

12

8	6	7	2	4	5	3	1	9
1	4	3	6	9	8	5	7	2
2	9	5	1	3	7	4	8	6
9	3	6	8	7	4	1	2	5
5	2	1	9	6	3	8	4	7
4	7	8	5	1	2	6	9	3
6	1	4	3	2	9	7	5	8
3	5	2	7	8	1	9	6	4
7	8	9	4	5	6	2	3	1

Solutions 103

13
1	6	3	2	7	5	4	8	9
7	5	9	4	1	8	2	3	6
2	4	8	6	3	9	7	5	1
4	3	6	7	5	2	9	1	8
8	1	2	3	9	4	6	7	5
5	9	7	1	8	6	3	4	2
9	7	4	8	6	1	5	2	3
3	8	5	9	2	7	1	6	4
6	2	1	5	4	3	8	9	7

14
6	2	9	7	8	4	3	1	5
5	3	7	6	1	9	4	8	2
1	4	8	2	5	3	6	9	7
2	6	4	1	9	8	7	5	3
3	7	1	5	2	6	9	4	8
9	8	5	4	3	7	2	6	1
7	9	3	8	6	5	1	2	4
8	1	6	3	4	2	5	7	9
4	5	2	9	7	1	8	3	6

15
4	8	1	2	5	3	7	9	6
7	3	2	9	6	4	5	1	8
9	5	6	1	7	8	2	4	3
6	2	8	7	9	5	1	3	4
5	4	7	3	1	6	9	8	2
3	1	9	4	8	2	6	7	5
8	7	5	6	4	9	3	2	1
1	6	3	8	2	7	4	5	9
2	9	4	5	3	1	8	6	7

16
4	8	6	3	1	7	9	5	2
5	9	1	2	4	8	7	6	3
2	3	7	5	9	6	4	1	8
6	2	3	1	7	4	5	8	9
8	1	9	6	5	2	3	4	7
7	4	5	9	8	3	6	2	1
1	5	2	4	3	9	8	7	6
9	6	8	7	2	5	1	3	4
3	7	4	8	6	1	2	9	5

17
7	9	5	6	2	1	8	4	3
2	1	4	3	9	8	5	7	6
6	8	3	7	4	5	2	9	1
5	6	2	9	1	7	4	3	8
3	7	8	5	6	4	9	1	2
9	4	1	8	3	2	6	5	7
1	2	9	4	7	6	3	8	5
4	5	7	2	8	3	1	6	9
8	3	6	1	5	9	7	2	4

18
4	5	9	1	3	7	2	8	6
1	6	3	2	5	8	4	7	9
8	2	7	9	6	4	1	5	3
9	4	1	5	7	6	3	2	8
7	8	6	3	1	2	9	4	5
2	3	5	4	8	9	6	1	7
6	9	8	7	2	1	5	3	4
5	7	2	6	4	3	8	9	1
3	1	4	8	9	5	7	6	2

19
1	2	3	8	5	4	9	6	7
7	9	6	3	1	2	5	4	8
4	8	5	9	7	6	1	2	3
2	5	1	7	6	9	8	3	4
9	7	4	2	3	8	6	1	5
6	3	8	1	4	5	7	9	2
5	4	7	6	9	3	2	8	1
8	1	9	4	2	7	3	5	6
3	6	2	5	8	1	4	7	9

20
7	6	9	1	3	8	2	5	4
1	3	2	4	9	5	6	7	8
8	4	5	7	2	6	3	1	9
4	9	1	6	8	3	5	2	7
6	7	3	2	5	4	9	8	1
2	5	8	9	7	1	4	6	3
9	2	6	8	4	7	1	3	5
3	1	7	5	6	9	8	4	2
5	8	4	3	1	2	7	9	6

21
5	9	2	8	3	1	6	4	7
6	8	7	5	4	2	1	9	3
3	1	4	7	9	6	5	8	2
9	2	5	1	8	7	3	6	4
1	6	3	2	5	4	9	7	8
7	4	8	9	6	3	2	5	1
4	5	9	3	1	8	7	2	6
2	3	6	4	7	9	8	1	5
8	7	1	6	2	5	4	3	9

22
1	6	3	8	2	9	5	4	7
4	8	9	1	7	5	6	2	3
5	2	7	3	4	6	1	8	9
6	1	5	9	3	4	2	7	8
3	9	2	7	1	8	4	5	6
7	4	8	5	6	2	9	3	1
8	7	4	6	5	1	3	9	2
9	5	6	2	8	3	7	1	4
2	3	1	4	9	7	8	6	5

23
5	6	3	2	7	4	8	1	9
7	4	1	9	3	8	5	2	6
2	8	9	6	1	5	7	4	3
4	7	5	1	2	6	3	9	8
8	1	6	5	9	3	2	7	4
9	3	2	8	4	7	6	5	1
1	2	8	3	5	9	4	6	7
3	5	4	7	6	1	9	8	2
6	9	7	4	8	2	1	3	5

24
8	3	1	9	2	5	6	4	7
5	9	6	3	7	4	2	8	1
7	2	4	1	8	6	9	5	3
6	4	9	2	1	3	5	7	8
2	5	3	7	6	8	1	9	4
1	8	7	4	5	9	3	6	2
4	1	8	5	9	2	7	3	6
9	6	2	8	3	7	4	1	5
3	7	5	6	4	1	8	2	9

Solutions 104

25

1	2	3	7	4	5	6	9	8
6	8	4	1	9	3	2	5	7
5	9	7	2	6	8	1	4	3
7	5	8	3	2	9	4	1	6
4	3	9	6	8	1	7	2	5
2	6	1	5	7	4	3	8	9
9	7	2	8	1	6	5	3	4
8	1	5	4	3	7	9	6	2
3	4	6	9	5	2	8	7	1

26

3	8	6	5	4	9	1	2	7
1	4	7	2	6	3	5	9	8
9	2	5	1	8	7	3	4	6
5	3	4	7	2	8	9	6	1
7	6	1	9	3	4	2	8	5
2	9	8	6	1	5	4	7	3
4	1	9	3	7	6	8	5	2
6	5	2	8	9	1	7	3	4
8	7	3	4	5	2	6	1	9

27

1	2	5	8	3	9	4	7	6
3	9	8	4	7	6	1	2	5
6	7	4	5	1	2	8	9	3
5	1	6	2	4	8	9	3	7
2	3	7	9	5	1	6	4	8
4	8	9	7	6	3	2	5	1
7	4	2	6	8	5	3	1	9
9	6	1	3	2	7	5	8	4
8	5	3	1	9	4	7	6	2

28

2	9	6	5	1	7	3	4	8
5	1	3	9	4	8	6	2	7
4	8	7	6	3	2	5	9	1
8	3	5	4	2	9	7	1	6
9	7	1	8	6	5	4	3	2
6	4	2	3	7	1	9	8	5
3	2	9	1	5	6	8	7	4
1	5	8	7	9	4	2	6	3
7	6	4	2	8	3	1	5	9

29

7	9	3	4	8	5	1	2	6
1	6	2	7	9	3	8	4	5
5	4	8	6	2	1	9	3	7
9	7	6	5	4	8	3	1	2
2	3	1	9	6	7	4	5	8
4	8	5	1	3	2	6	7	9
6	1	7	8	5	4	2	9	3
8	2	4	3	7	9	5	6	1
3	5	9	2	1	6	7	8	4

30

4	5	1	8	3	6	7	9	2
7	2	9	1	4	5	3	8	6
8	6	3	7	2	9	4	1	5
2	7	5	9	1	3	6	4	8
6	3	4	2	5	8	9	7	1
9	1	8	4	6	7	5	2	3
3	8	2	5	9	4	1	6	7
5	9	7	6	8	1	2	3	4
1	4	6	3	7	2	8	5	9

31

7	2	5	9	1	4	6	3	8
4	6	9	7	8	3	2	1	5
1	3	8	6	5	2	4	7	9
2	8	7	5	9	1	3	4	6
9	4	1	8	3	6	5	2	7
3	5	6	2	4	7	8	9	1
5	7	2	3	6	9	1	8	4
6	1	3	4	7	8	9	5	2
8	9	4	1	2	5	7	6	3

32

6	1	8	9	5	4	3	2	7
9	2	3	6	1	7	5	8	4
4	7	5	3	8	2	6	9	1
1	4	2	7	6	8	9	3	5
8	5	6	4	9	3	7	1	2
7	3	9	5	2	1	4	6	8
5	8	4	2	3	9	1	7	6
3	6	1	8	7	5	2	4	9
2	9	7	1	4	6	8	5	3

33

4	3	7	9	8	2	1	6	5
8	6	2	1	3	5	7	4	9
5	9	1	4	7	6	3	2	8
1	4	5	3	2	8	6	9	7
3	7	8	5	6	9	2	1	4
9	2	6	7	4	1	5	8	3
2	5	3	8	1	4	9	7	6
6	8	9	2	5	7	4	3	1
7	1	4	6	9	3	8	5	2

34

7	8	4	9	3	6	5	2	1
5	9	6	7	2	1	4	3	8
1	2	3	5	4	8	9	7	6
4	5	7	6	9	3	1	8	2
3	6	2	8	1	5	7	4	9
9	1	8	4	7	2	6	5	3
6	7	1	3	8	4	2	9	5
8	4	5	2	6	9	3	1	7
2	3	9	1	5	7	8	6	4

35

6	5	1	4	8	2	7	9	3
7	4	8	6	9	3	5	2	1
2	9	3	1	5	7	8	6	4
1	6	4	9	2	5	3	7	8
5	3	2	7	4	8	9	1	6
8	7	9	3	1	6	2	4	5
4	2	7	8	3	1	6	5	9
3	1	5	2	6	9	4	8	7
9	8	6	5	7	4	1	3	2

36

7	2	4	1	8	9	6	5	3
6	1	5	3	4	7	9	8	2
9	3	8	2	5	6	1	4	7
1	7	3	5	6	4	2	9	8
2	8	9	7	3	1	5	6	4
5	4	6	9	2	8	3	7	1
8	5	7	6	1	3	4	2	9
4	6	1	8	9	2	7	3	5
3	9	2	4	7	5	8	1	6

Solutions 105

37

4	8	1	5	2	6	3	9	7
3	2	6	8	7	9	1	4	5
7	5	9	3	4	1	2	8	6
2	9	8	7	6	5	4	3	1
1	3	7	4	9	2	5	6	8
6	4	5	1	3	8	9	7	2
9	6	4	2	1	7	8	5	3
5	1	3	6	8	4	7	2	9
8	7	2	9	5	3	6	1	4

38

4	3	9	6	1	5	8	7	2
2	1	5	7	4	8	3	9	6
7	6	8	3	9	2	4	1	5
6	4	1	9	7	3	2	5	8
5	7	2	1	8	4	6	3	9
9	8	3	2	5	6	1	4	7
3	5	7	8	6	1	9	2	4
1	9	6	4	2	7	5	8	3
8	2	4	5	3	9	7	6	1

39

5	6	7	9	1	2	4	8	3
9	4	1	7	3	8	2	6	5
3	2	8	6	5	4	1	7	9
1	5	6	2	4	7	9	3	8
7	8	9	3	6	1	5	4	2
2	3	4	8	9	5	6	1	7
6	9	5	4	8	3	7	2	1
8	1	2	5	7	6	3	9	4
4	7	3	1	2	9	8	5	6

40

3	7	5	6	8	1	4	9	2
8	6	9	3	2	4	7	1	5
4	2	1	7	9	5	8	6	3
7	1	8	9	6	3	2	5	4
2	5	4	1	7	8	6	3	9
6	9	3	5	4	2	1	8	7
5	8	2	4	1	9	3	7	6
1	3	6	2	5	7	9	4	8
9	4	7	8	3	6	5	2	1

41

7	2	9	8	4	6	1	5	3
8	6	5	9	3	1	2	7	4
1	3	4	5	7	2	9	8	6
2	4	1	7	6	9	8	3	5
5	9	7	3	1	8	6	4	2
6	8	3	2	5	4	7	9	1
3	5	8	1	2	7	4	6	9
9	1	6	4	8	3	5	2	7
4	7	2	6	9	5	3	1	8

42

1	8	9	3	4	2	7	6	5
2	4	7	1	5	6	8	3	9
5	3	6	7	9	8	1	2	4
8	9	4	6	2	1	5	7	3
6	1	2	5	3	7	4	9	8
7	5	3	4	8	9	6	1	2
3	6	8	9	7	4	2	5	1
9	2	1	8	6	5	3	4	7
4	7	5	2	1	3	9	8	6

43

7	8	1	6	9	2	4	5	3
9	2	4	3	1	5	6	8	7
6	5	3	4	8	7	1	9	2
1	7	9	2	3	6	8	4	5
8	3	6	1	5	4	7	2	9
2	4	5	8	7	9	3	1	6
4	6	8	9	2	3	5	7	1
3	9	7	5	4	1	2	6	8
5	1	2	7	6	8	9	3	4

44

9	8	1	3	7	6	2	5	4
5	4	6	8	2	1	9	3	7
7	3	2	9	5	4	1	6	8
1	7	3	4	6	9	5	8	2
8	5	9	2	3	7	4	1	6
6	2	4	5	1	8	3	7	9
3	6	8	1	9	2	7	4	5
2	1	7	6	4	5	8	9	3
4	9	5	7	8	3	6	2	1

45

1	3	4	9	7	5	2	8	6
7	2	8	4	6	1	9	3	5
6	5	9	3	8	2	4	1	7
3	1	7	6	9	4	8	5	2
9	8	5	1	2	3	7	6	4
4	6	2	7	5	8	1	9	3
8	4	1	5	3	7	6	2	9
2	9	3	8	4	6	5	7	1
5	7	6	2	1	9	3	4	8

46

1	5	3	2	6	9	4	8	7
7	6	9	8	3	4	1	5	2
8	4	2	1	7	5	9	3	6
4	9	6	7	1	8	5	2	3
5	8	1	9	2	3	7	6	4
3	2	7	5	4	6	8	9	1
6	1	8	3	9	7	2	4	5
9	7	4	6	5	2	3	1	8
2	3	5	4	8	1	6	7	9

47

9	7	1	2	6	5	8	4	3
4	6	3	1	8	7	9	2	5
5	2	8	9	4	3	1	7	6
8	5	2	6	1	4	7	3	9
1	3	6	8	7	9	4	5	2
7	4	9	5	3	2	6	8	1
3	8	5	4	9	6	2	1	7
6	1	7	3	2	8	5	9	4
2	9	4	7	5	1	3	6	8

48

4	7	6	8	2	3	1	9	5
8	3	1	7	5	9	6	4	2
5	9	2	4	6	1	7	8	3
3	6	8	5	7	4	2	1	9
9	5	7	2	1	8	3	6	4
2	1	4	9	3	6	5	7	8
6	8	5	3	9	7	4	2	1
1	2	9	6	4	5	8	3	7
7	4	3	1	8	2	9	5	6

Solutions 106

49

6	8	9	3	4	7	2	1	5
3	5	1	6	2	9	4	7	8
2	7	4	1	5	8	3	9	6
5	2	3	8	1	6	9	4	7
1	4	7	2	9	5	8	6	3
9	6	8	4	7	3	5	2	1
8	1	6	9	3	2	7	5	4
4	9	5	7	8	1	6	3	2
7	3	2	5	6	4	1	8	9

50

4	7	8	5	2	1	9	3	6
2	5	9	3	8	6	4	7	1
3	6	1	9	4	7	8	5	2
5	4	2	7	3	9	6	1	8
7	8	3	6	1	4	5	2	9
9	1	6	8	5	2	3	4	7
1	2	5	4	6	8	7	9	3
6	3	7	2	9	5	1	8	4
8	9	4	1	7	3	2	6	5

51

7	9	3	1	4	6	2	5	8
8	1	5	2	3	9	7	6	4
4	2	6	8	5	7	9	1	3
3	4	1	5	8	2	6	7	9
9	7	8	4	6	1	3	2	5
5	6	2	9	7	3	8	4	1
6	8	9	7	1	4	5	3	2
2	3	4	6	9	5	1	8	7
1	5	7	3	2	8	4	9	6

52

6	3	1	5	2	8	7	4	9
4	9	2	7	3	1	8	6	5
8	7	5	4	9	6	3	2	1
3	8	6	1	4	5	2	9	7
7	1	4	2	8	9	5	3	6
5	2	9	3	6	7	1	8	4
2	5	3	9	7	4	6	1	8
1	4	8	6	5	2	9	7	3
9	6	7	8	1	3	4	5	2

53

1	5	9	4	6	2	8	7	3
3	6	4	8	9	7	2	1	5
7	2	8	1	5	3	9	6	4
5	9	3	2	8	6	1	4	7
8	7	1	3	4	9	5	2	6
6	4	2	5	7	1	3	8	9
4	3	7	9	2	8	6	5	1
2	1	5	6	3	4	7	9	8
9	8	6	7	1	5	4	3	2

54

2	9	4	3	5	7	6	8	1
7	6	1	9	4	8	2	3	5
3	5	8	2	6	1	7	4	9
8	2	7	1	3	6	5	9	4
6	3	5	7	9	4	8	1	2
1	4	9	5	8	2	3	6	7
9	1	6	8	7	5	4	2	3
4	7	3	6	2	9	1	5	8
5	8	2	4	1	3	9	7	6

55

3	8	9	5	6	1	2	7	4
6	4	2	3	9	7	5	8	1
1	7	5	2	8	4	9	6	3
8	9	3	7	2	6	1	4	5
7	1	6	9	4	5	8	3	2
5	2	4	8	1	3	6	9	7
9	5	1	4	7	8	3	2	6
2	3	7	6	5	9	4	1	8
4	6	8	1	3	2	7	5	9

56

9	6	5	4	8	7	3	2	1
2	1	8	6	5	3	9	7	4
7	3	4	1	9	2	6	8	5
6	2	1	9	7	5	4	3	8
3	4	7	8	2	6	1	5	9
5	8	9	3	1	4	2	6	7
1	9	3	7	6	8	5	4	2
8	5	6	2	4	1	7	9	3
4	7	2	5	3	9	8	1	6

57

7	4	2	3	1	8	9	6	5
6	3	8	2	9	5	4	7	1
5	1	9	7	6	4	2	8	3
2	5	1	6	8	7	3	9	4
8	7	3	9	4	2	1	5	6
4	9	6	5	3	1	7	2	8
1	2	5	4	7	6	8	3	9
3	8	7	1	5	9	6	4	2
9	6	4	8	2	3	5	1	7

58

6	4	9	2	5	1	8	7	3
5	8	3	7	4	6	1	9	2
1	7	2	8	9	3	4	5	6
4	2	7	3	6	8	5	1	9
8	3	5	4	1	9	2	6	7
9	1	6	5	7	2	3	8	4
3	6	8	9	2	5	7	4	1
2	9	4	1	8	7	6	3	5
7	5	1	6	3	4	9	2	8

59

1	8	5	2	7	9	3	6	4
9	4	7	6	3	8	2	1	5
2	3	6	5	4	1	8	9	7
3	5	1	7	2	6	9	4	8
8	6	9	4	1	5	7	3	2
4	7	2	8	9	3	6	5	1
5	1	3	9	8	7	4	2	6
6	2	8	3	5	4	1	7	9
7	9	4	1	6	2	5	8	3

60

8	7	5	3	2	1	4	9	6
2	3	6	4	7	9	5	1	8
9	4	1	6	8	5	7	3	2
5	8	3	1	4	2	6	7	9
4	6	2	9	3	7	8	5	1
1	9	7	5	6	8	2	4	3
3	5	8	7	1	6	9	2	4
6	1	9	2	5	4	3	8	7
7	2	4	8	9	3	1	6	5

Solutions 107

61
6	1	9	4	8	5	2	3	7
4	7	3	2	6	9	1	5	8
8	5	2	3	7	1	9	6	4
1	6	5	7	2	3	8	4	9
9	4	8	1	5	6	3	7	2
3	2	7	8	9	4	5	1	6
2	8	1	5	4	7	6	9	3
7	3	6	9	1	2	4	8	5
5	9	4	6	3	8	7	2	1

62
1	5	4	9	6	7	3	8	2
2	8	7	4	3	5	1	6	9
6	3	9	2	1	8	7	4	5
9	7	8	3	5	4	2	1	6
3	2	5	1	9	6	8	7	4
4	1	6	8	7	2	5	9	3
7	6	3	5	4	1	9	2	8
5	4	2	7	8	9	6	3	1
8	9	1	6	2	3	4	5	7

63
6	1	7	8	5	3	9	2	4
5	3	8	9	4	2	1	7	6
2	4	9	1	7	6	5	8	3
4	9	1	5	2	7	3	6	8
3	7	5	6	9	8	2	4	1
8	6	2	3	1	4	7	9	5
1	2	6	4	3	9	8	5	7
7	5	4	2	8	1	6	3	9
9	8	3	7	6	5	4	1	2

64
5	1	8	2	6	3	4	7	9
4	2	9	7	5	1	6	3	8
6	3	7	9	4	8	2	5	1
8	7	2	4	3	5	9	1	6
3	9	6	8	1	7	5	2	4
1	5	4	6	2	9	7	8	3
7	6	5	1	8	4	3	9	2
2	8	3	5	9	6	1	4	7
9	4	1	3	7	2	8	6	5

65
5	9	7	2	6	8	3	1	4
6	2	3	7	1	4	8	9	5
1	8	4	5	9	3	2	6	7
9	3	5	6	4	2	7	8	1
4	6	2	1	8	7	5	3	9
7	1	8	3	5	9	4	2	6
2	5	9	4	3	6	1	7	8
3	4	6	8	7	1	9	5	2
8	7	1	9	2	5	6	4	3

66
5	6	7	3	4	8	1	2	9
8	1	9	2	6	5	3	4	7
2	4	3	9	7	1	6	8	5
1	5	4	7	8	3	9	6	2
3	7	8	6	9	2	4	5	1
9	2	6	5	1	4	7	3	8
6	3	5	1	2	9	8	7	4
7	8	1	4	5	6	2	9	3
4	9	2	8	3	7	5	1	6

67
5	3	8	2	4	6	1	9	7
6	9	1	3	7	5	8	4	2
4	7	2	9	8	1	5	6	3
2	4	6	1	9	7	3	5	8
9	5	7	8	6	3	2	1	4
8	1	3	5	2	4	9	7	6
3	6	5	4	1	8	7	2	9
7	8	9	6	5	2	4	3	1
1	2	4	7	3	9	6	8	5

68
8	7	9	6	2	1	3	5	4
5	4	3	8	7	9	1	6	2
1	6	2	3	4	5	8	9	7
3	9	6	1	5	2	4	7	8
4	1	8	7	6	3	5	2	9
7	2	5	4	9	8	6	1	3
2	5	4	9	3	6	7	8	1
6	8	7	2	1	4	9	3	5
9	3	1	5	8	7	2	4	6

69
4	8	6	9	1	2	5	7	3
1	7	3	8	6	5	4	2	9
2	9	5	3	7	4	8	1	6
3	4	9	7	8	6	2	5	1
8	1	7	2	5	9	6	3	4
6	5	2	1	4	3	9	8	7
9	2	1	6	3	8	7	4	5
5	3	8	4	9	7	1	6	2
7	6	4	5	2	1	3	9	8

70
3	8	2	4	9	6	1	7	5
4	6	1	7	8	5	9	3	2
9	5	7	1	2	3	6	4	8
7	2	6	8	3	9	5	1	4
1	4	5	2	6	7	8	9	3
8	3	9	5	1	4	2	6	7
6	1	4	3	5	2	7	8	9
2	7	8	9	4	1	3	5	6
5	9	3	6	7	8	4	2	1

71
4	9	7	1	2	3	6	5	8
3	6	2	5	4	8	1	7	9
5	1	8	9	7	6	2	4	3
9	7	3	6	5	1	4	8	2
6	8	4	2	3	7	5	9	1
1	2	5	8	9	4	3	6	7
2	5	6	3	8	9	7	1	4
8	4	1	7	6	2	9	3	5
7	3	9	4	1	5	8	2	6

72
9	6	1	2	7	5	4	3	8
5	4	7	9	8	3	2	1	6
2	8	3	6	1	4	5	7	9
8	5	6	4	2	1	7	9	3
4	7	2	8	3	9	6	5	1
1	3	9	5	6	7	8	2	4
3	9	8	7	4	2	1	6	5
6	2	5	1	9	8	3	4	7
7	1	4	3	5	6	9	8	2

Solutions 108

73
4	3	1	9	5	6	8	2	7
8	2	6	1	4	7	3	5	9
7	5	9	2	8	3	4	6	1
6	1	8	5	7	4	2	9	3
5	4	3	8	9	2	1	7	6
2	9	7	3	6	1	5	4	8
1	7	2	4	3	9	6	8	5
3	6	5	7	2	8	9	1	4
9	8	4	6	1	5	7	3	2

74
5	2	9	7	1	6	3	8	4
6	3	7	4	8	2	5	1	9
8	4	1	9	5	3	2	7	6
9	1	8	5	7	4	6	2	3
3	7	4	6	2	1	9	5	8
2	5	6	3	9	8	7	4	1
1	6	2	8	3	5	4	9	7
7	8	3	2	4	9	1	6	5
4	9	5	1	6	7	8	3	2

75
2	9	1	7	4	3	5	6	8
4	8	3	6	5	1	9	2	7
7	5	6	9	8	2	1	3	4
8	2	5	1	7	9	6	4	3
9	3	4	8	6	5	7	1	2
6	1	7	3	2	4	8	5	9
3	6	9	2	1	7	4	8	5
1	4	2	5	9	8	3	7	6
5	7	8	4	3	6	2	9	1

76
6	4	9	7	1	8	2	3	5
7	5	3	2	6	9	1	4	8
1	2	8	3	4	5	6	9	7
3	8	6	4	2	7	5	1	9
2	7	5	6	9	1	3	8	4
9	1	4	5	8	3	7	6	2
4	3	7	9	5	6	8	2	1
8	6	2	1	7	4	9	5	3
5	9	1	8	3	2	4	7	6

77
4	2	1	7	8	5	3	9	6
9	8	6	2	1	3	7	5	4
3	7	5	6	9	4	2	8	1
6	3	8	1	5	2	9	4	7
1	5	9	4	6	7	8	3	2
7	4	2	8	3	9	1	6	5
2	1	3	5	4	8	6	7	9
8	6	4	9	7	1	5	2	3
5	9	7	3	2	6	4	1	8

78
6	7	5	2	9	4	1	8	3
3	1	9	5	7	8	6	4	2
2	4	8	3	6	1	5	9	7
4	3	1	7	8	6	9	2	5
7	5	2	4	3	9	8	1	6
9	8	6	1	5	2	7	3	4
1	2	7	8	4	5	3	6	9
8	6	3	9	2	7	4	5	1
5	9	4	6	1	3	2	7	8

79
7	4	9	3	6	2	8	5	1
5	1	2	8	9	4	6	7	3
3	6	8	1	5	7	9	4	2
9	3	5	4	1	6	7	2	8
1	8	4	2	7	5	3	6	9
2	7	6	9	8	3	4	1	5
4	2	7	5	3	9	1	8	6
8	5	3	6	4	1	2	9	7
6	9	1	7	2	8	5	3	4

80
2	3	9	7	1	5	6	4	8
7	6	5	2	8	4	9	1	3
8	1	4	9	6	3	7	5	2
1	8	2	6	9	7	4	3	5
4	9	6	5	3	1	2	8	7
5	7	3	4	2	8	1	6	9
3	4	7	1	5	2	8	9	6
9	5	1	8	7	6	3	2	4
6	2	8	3	4	9	5	7	1

81
2	3	7	6	1	5	4	9	8
4	9	8	2	3	7	1	5	6
6	5	1	4	9	8	7	2	3
8	7	5	9	6	3	2	4	1
9	6	4	7	2	1	3	8	5
1	2	3	5	8	4	9	6	7
5	8	2	3	7	9	6	1	4
7	1	6	8	4	2	5	3	9
3	4	9	1	5	6	8	7	2

82
4	9	2	1	3	7	5	6	8
6	1	7	9	5	8	3	2	4
3	8	5	6	4	2	9	1	7
9	3	4	7	6	1	8	5	2
5	2	1	4	8	3	6	7	9
7	6	8	5	2	9	1	4	3
2	7	3	8	1	6	4	9	5
1	4	9	3	7	5	2	8	6
8	5	6	2	9	4	7	3	1

83
1	5	3	9	6	2	4	8	7
7	8	6	4	1	3	5	9	2
4	2	9	8	7	5	6	1	3
3	1	4	5	8	9	2	7	6
9	7	5	2	3	6	8	4	1
2	6	8	1	4	7	9	3	5
5	9	7	3	2	8	1	6	4
8	3	1	6	5	4	7	2	9
6	4	2	7	9	1	3	5	8

84
6	1	8	9	2	5	3	4	7
5	4	2	6	3	7	9	1	8
9	7	3	1	8	4	2	6	5
7	6	5	3	4	1	8	9	2
1	8	4	7	9	2	6	5	3
2	3	9	8	5	6	1	7	4
4	9	6	2	7	8	5	3	1
3	2	7	5	1	9	4	8	6
8	5	1	4	6	3	7	2	9

Solutions 109

85

4	2	1	9	7	8	6	3	5
9	8	6	1	5	3	7	4	2
5	3	7	4	2	6	1	8	9
7	6	8	5	9	2	4	1	3
1	4	9	3	6	7	2	5	8
2	5	3	8	4	1	9	7	6
6	1	5	2	3	4	8	9	7
3	7	4	6	8	9	5	2	1
8	9	2	7	1	5	3	6	4

86

8	7	3	4	1	9	5	6	2
2	1	9	8	5	6	3	7	4
5	6	4	2	7	3	1	8	9
7	5	1	3	4	8	2	9	6
4	2	8	9	6	5	7	1	3
9	3	6	7	2	1	4	5	8
3	8	7	5	9	2	6	4	1
6	9	5	1	3	4	8	2	7
1	4	2	6	8	7	9	3	5

87

3	6	8	4	1	7	9	2	5
4	2	9	5	8	3	1	6	7
7	1	5	2	6	9	8	4	3
1	8	3	6	7	4	2	5	9
5	7	2	1	9	8	4	3	6
9	4	6	3	2	5	7	1	8
8	3	4	9	5	1	6	7	2
2	5	7	8	4	6	3	9	1
6	9	1	7	3	2	5	8	4

88

9	1	3	4	2	5	7	8	6
8	2	5	3	6	7	4	9	1
6	4	7	9	1	8	5	3	2
1	5	6	7	9	3	8	2	4
7	9	8	2	5	4	1	6	3
2	3	4	6	8	1	9	5	7
4	6	2	8	7	9	3	1	5
5	7	9	1	3	2	6	4	8
3	8	1	5	4	6	2	7	9

89

4	2	1	5	8	3	6	7	9
5	9	6	4	1	7	8	2	3
7	3	8	9	6	2	4	1	5
3	8	5	2	4	6	1	9	7
2	6	7	3	9	1	5	8	4
1	4	9	8	7	5	2	3	6
6	5	2	7	3	8	9	4	1
9	1	3	6	2	4	7	5	8
8	7	4	1	5	9	3	6	2

90

3	5	2	6	9	8	1	7	4
8	6	7	2	1	4	9	3	5
9	1	4	7	5	3	6	8	2
6	9	8	1	2	5	7	4	3
1	2	3	4	7	6	8	5	9
7	4	5	3	8	9	2	6	1
4	3	1	8	6	2	5	9	7
5	7	6	9	3	1	4	2	8
2	8	9	5	4	7	3	1	6

91

2	8	3	1	7	9	4	5	6
4	7	1	6	3	5	9	2	8
5	6	9	8	2	4	7	3	1
6	4	7	3	1	2	8	9	5
9	1	8	5	4	7	3	6	2
3	2	5	9	6	8	1	7	4
7	5	4	2	9	1	6	8	3
1	3	2	7	8	6	5	4	9
8	9	6	4	5	3	2	1	7

92

6	7	2	3	1	4	9	8	5
1	3	5	6	8	9	2	4	7
4	9	8	5	2	7	1	3	6
2	4	9	7	6	3	8	5	1
3	5	1	8	4	2	7	6	9
8	6	7	1	9	5	4	2	3
7	1	6	4	3	8	5	9	2
9	8	3	2	5	1	6	7	4
5	2	4	9	7	6	3	1	8

93

5	4	9	1	3	2	6	8	7
3	6	1	7	5	8	2	4	9
7	8	2	6	4	9	1	3	5
6	2	7	4	9	3	5	1	8
1	9	4	5	8	6	3	7	2
8	5	3	2	1	7	9	6	4
2	1	5	3	7	4	8	9	6
9	7	6	8	2	1	4	5	3
4	3	8	9	6	5	7	2	1

94

8	2	6	7	9	1	3	4	5
3	9	7	8	4	5	1	6	2
1	4	5	3	6	2	9	8	7
9	3	4	2	5	6	7	1	8
2	6	8	9	1	7	5	3	4
7	5	1	4	8	3	6	2	9
4	1	3	5	7	8	2	9	6
6	7	9	1	2	4	8	5	3
5	8	2	6	3	9	4	7	1

95

2	7	5	9	8	3	1	4	6
4	8	3	1	2	6	9	7	5
6	9	1	4	5	7	8	3	2
8	6	9	2	4	5	7	1	3
5	1	4	3	7	8	6	2	9
7	3	2	6	1	9	4	5	8
9	5	7	8	3	4	2	6	1
1	4	6	5	9	2	3	8	7
3	2	8	7	6	1	5	9	4

96

5	2	6	9	1	7	3	8	4
8	9	3	5	4	2	1	6	7
7	1	4	8	6	3	2	5	9
9	5	8	3	7	6	4	2	1
3	6	1	4	2	8	7	9	5
2	4	7	1	9	5	8	3	6
4	7	2	6	3	9	5	1	8
1	8	9	2	5	4	6	7	3
6	3	5	7	8	1	9	4	2

Solutions 110

97

2	4	1	6	9	8	7	3	5
8	5	3	4	2	7	6	9	1
6	9	7	1	3	5	2	4	8
5	1	4	2	6	9	8	7	3
3	8	6	5	7	4	1	2	9
9	7	2	3	8	1	5	6	4
7	6	8	9	1	3	4	5	2
4	2	9	8	5	6	3	1	7
1	3	5	7	4	2	9	8	6

98

5	7	8	9	6	2	1	4	3
2	3	4	8	7	1	6	5	9
1	9	6	5	4	3	2	7	8
6	5	9	3	2	4	7	8	1
4	8	3	7	1	5	9	2	6
7	1	2	6	8	9	4	3	5
3	6	7	2	9	8	5	1	4
8	2	1	4	5	6	3	9	7
9	4	5	1	3	7	8	6	2

99

2	7	8	5	3	9	1	4	6
1	6	9	8	2	4	3	7	5
5	3	4	7	6	1	9	2	8
3	2	7	4	1	6	5	8	9
4	8	1	3	9	5	7	6	2
6	9	5	2	7	8	4	3	1
8	5	3	1	4	2	6	9	7
9	4	2	6	5	7	8	1	3
7	1	6	9	8	3	2	5	4

100

2	5	8	9	3	4	7	6	1
4	1	9	6	5	7	3	8	2
6	7	3	1	2	8	5	9	4
9	2	5	7	4	1	8	3	6
3	4	1	8	6	5	2	7	9
7	8	6	3	9	2	1	4	5
8	3	4	2	1	9	6	5	7
1	9	7	5	8	6	4	2	3
5	6	2	4	7	3	9	1	8

101

7	1	5	3	9	6	4	8	2
2	6	9	4	8	5	1	3	7
3	8	4	2	7	1	6	9	5
5	9	2	7	1	3	8	4	6
1	4	3	5	6	8	7	2	9
8	7	6	9	4	2	5	1	3
6	3	8	1	2	7	9	5	4
4	5	7	8	3	9	2	6	1
9	2	1	6	5	4	3	7	8

102

7	4	1	6	9	2	8	5	3
8	5	6	1	3	7	4	2	9
9	3	2	5	8	4	7	6	1
3	8	5	4	1	9	6	7	2
6	7	9	3	2	8	5	1	4
1	2	4	7	5	6	9	3	8
4	9	3	2	6	5	1	8	7
2	6	8	9	7	1	3	4	5
5	1	7	8	4	3	2	9	6

103

5	6	4	8	2	9	7	3	1
7	3	8	5	4	1	9	6	2
2	9	1	6	7	3	4	8	5
6	7	3	4	5	8	1	2	9
8	4	2	9	1	7	6	5	3
9	1	5	3	6	2	8	4	7
3	2	9	1	8	4	5	7	6
1	8	6	7	3	5	2	9	4
4	5	7	2	9	6	3	1	8

104

4	9	2	3	8	6	1	7	5
8	7	6	5	9	1	3	4	2
1	3	5	2	4	7	8	9	6
3	1	7	9	2	5	4	6	8
2	4	9	1	6	8	7	5	3
6	5	8	4	7	3	9	2	1
9	2	3	8	5	4	6	1	7
5	6	1	7	3	9	2	8	4
7	8	4	6	1	2	5	3	9

105

3	8	4	7	2	9	1	6	5
7	5	9	3	1	6	8	2	4
1	6	2	5	8	4	3	7	9
9	1	8	2	5	3	7	4	6
6	3	5	4	7	1	2	9	8
4	2	7	9	6	8	5	1	3
2	9	3	8	4	7	6	5	1
5	4	1	6	3	2	9	8	7
8	7	6	1	9	5	4	3	2

106

7	8	2	6	3	1	5	9	4
9	1	6	5	2	4	7	3	8
4	5	3	9	7	8	6	1	2
3	2	4	1	6	5	9	8	7
6	9	5	4	8	7	3	2	1
1	7	8	2	9	3	4	6	5
5	4	9	3	1	2	8	7	6
8	6	1	7	4	9	2	5	3
2	3	7	8	5	6	1	4	9

107

4	9	1	6	3	8	5	2	7
5	6	2	7	1	4	9	8	3
3	7	8	2	5	9	6	1	4
2	1	7	9	6	5	3	4	8
9	3	6	4	8	7	2	5	1
8	5	4	3	2	1	7	9	6
6	2	5	8	4	3	1	7	9
1	4	9	5	7	6	8	3	2
7	8	3	1	9	2	4	6	5

108

5	9	8	7	4	2	3	6	1
4	2	7	3	1	6	9	8	5
6	3	1	8	9	5	2	7	4
1	5	9	4	2	7	6	3	8
3	7	2	1	6	8	4	5	9
8	4	6	5	3	9	1	2	7
2	1	5	6	8	4	7	9	3
9	8	4	2	7	3	5	1	6
7	6	3	9	5	1	8	4	2

Solutions 111

109

9	8	4	5	1	6	3	2	7
1	5	6	3	7	2	8	4	9
2	7	3	9	8	4	1	5	6
7	2	1	8	9	3	5	6	4
8	6	9	4	5	7	2	3	1
3	4	5	2	6	1	9	7	8
6	1	2	7	3	8	4	9	5
5	3	8	6	4	9	7	1	2
4	9	7	1	2	5	6	8	3

110

2	4	9	6	3	1	8	7	5
8	3	1	2	5	7	9	6	4
7	6	5	8	9	4	1	3	2
5	7	8	9	4	2	6	1	3
9	1	4	5	6	3	7	2	8
6	2	3	1	7	8	4	5	9
3	8	6	4	1	5	2	9	7
4	9	7	3	2	6	5	8	1
1	5	2	7	8	9	3	4	6

111

9	4	2	7	8	6	1	5	3
8	1	3	9	5	4	6	7	2
6	7	5	3	1	2	4	9	8
1	6	4	5	3	9	8	2	7
3	8	7	2	4	1	9	6	5
2	5	9	8	6	7	3	4	1
5	9	1	4	7	8	2	3	6
4	3	6	1	2	5	7	8	9
7	2	8	6	9	3	5	1	4

112

2	6	1	9	8	7	3	4	5
8	4	5	1	3	2	6	7	9
3	7	9	4	5	6	2	1	8
4	1	3	6	2	9	5	8	7
5	8	7	3	4	1	9	2	6
9	2	6	5	7	8	1	3	4
1	9	2	7	6	4	8	5	3
6	3	4	8	1	5	7	9	2
7	5	8	2	9	3	4	6	1

113

9	5	8	2	6	3	1	7	4
3	6	4	5	7	1	2	8	9
1	7	2	8	9	4	3	6	5
7	4	5	9	1	2	6	3	8
8	2	1	3	4	6	5	9	7
6	9	3	7	8	5	4	1	2
2	1	9	4	3	8	7	5	6
4	8	6	1	5	7	9	2	3
5	3	7	6	2	9	8	4	1

114

1	9	3	7	5	8	2	6	4
7	4	8	6	9	2	5	3	1
6	5	2	3	4	1	9	8	7
4	2	9	5	8	7	3	1	6
3	6	7	2	1	9	4	5	8
5	8	1	4	6	3	7	9	2
8	7	4	1	3	5	6	2	9
2	1	5	9	7	6	8	4	3
9	3	6	8	2	4	1	7	5

115

5	6	3	2	8	1	4	9	7
2	4	7	9	3	6	1	5	8
9	8	1	5	7	4	2	3	6
8	2	5	4	9	3	7	6	1
7	9	6	8	1	2	3	4	5
3	1	4	7	6	5	8	2	9
6	3	9	1	4	8	5	7	2
1	7	2	3	5	9	6	8	4
4	5	8	6	2	7	9	1	3

116

9	6	4	5	8	3	2	1	7
8	2	3	7	9	1	5	4	6
7	1	5	6	2	4	9	3	8
4	8	9	1	7	2	3	6	5
6	7	2	3	5	8	4	9	1
3	5	1	4	6	9	8	7	2
2	9	6	8	3	7	1	5	4
5	4	8	9	1	6	7	2	3
1	3	7	2	4	5	6	8	9

117

5	7	4	3	8	1	9	2	6
1	2	6	9	4	7	5	3	8
3	9	8	5	2	6	7	1	4
8	4	7	2	6	3	1	9	5
6	5	2	8	1	9	3	4	7
9	1	3	7	5	4	8	6	2
7	6	5	1	3	2	4	8	9
4	3	9	6	7	8	2	5	1
2	8	1	4	9	5	6	7	3

118

8	1	7	5	3	4	6	2	9
3	2	5	8	9	6	7	1	4
9	4	6	7	2	1	8	3	5
1	6	4	9	5	2	3	7	8
2	5	3	4	8	7	9	6	1
7	8	9	6	1	3	5	4	2
4	7	8	2	6	5	1	9	3
6	9	1	3	4	8	2	5	7
5	3	2	1	7	9	4	8	6

119

3	4	2	7	1	6	9	5	8
8	6	5	2	4	9	3	1	7
7	9	1	5	8	3	4	6	2
5	2	9	3	6	4	7	8	1
6	1	8	9	5	7	2	4	3
4	3	7	8	2	1	6	9	5
1	5	6	4	7	2	8	3	9
9	7	4	1	3	8	5	2	6
2	8	3	6	9	5	1	7	4

120

2	1	4	5	6	7	3	9	8
5	3	9	4	2	8	6	1	7
7	6	8	9	3	1	4	5	2
3	9	1	6	4	2	8	7	5
6	2	5	7	8	3	9	4	1
8	4	7	1	9	5	2	3	6
9	5	6	8	1	4	7	2	3
1	8	3	2	7	9	5	6	4
4	7	2	3	5	6	1	8	9

Solutions 112

121

3	9	1	8	7	5	2	6	4
7	8	5	4	6	2	3	9	1
6	2	4	9	1	3	7	8	5
5	6	8	7	2	1	9	4	3
9	4	2	5	3	8	6	1	7
1	3	7	6	9	4	8	5	2
8	5	6	3	4	7	1	2	9
4	1	3	2	8	9	5	7	6
2	7	9	1	5	6	4	3	8

122

7	8	9	5	1	4	3	2	6
5	4	6	7	3	2	9	1	8
2	3	1	9	6	8	4	7	5
6	1	7	8	9	3	2	5	4
4	2	5	6	7	1	8	3	9
3	9	8	2	4	5	1	6	7
1	7	2	4	5	9	6	8	3
9	6	3	1	8	7	5	4	2
8	5	4	3	2	6	7	9	1

123

3	8	2	5	6	4	9	7	1
6	4	7	3	1	9	2	8	5
1	9	5	2	8	7	4	6	3
4	5	8	7	3	6	1	2	9
7	6	9	1	4	2	5	3	8
2	1	3	9	5	8	7	4	6
8	2	1	4	9	3	6	5	7
9	3	4	6	7	5	8	1	2
5	7	6	8	2	1	3	9	4

124

6	5	4	2	3	8	9	1	7
8	9	2	6	1	7	3	5	4
1	7	3	4	9	5	8	6	2
3	1	8	9	5	2	7	4	6
2	4	7	8	6	1	5	9	3
5	6	9	3	7	4	2	8	1
9	3	5	1	2	6	4	7	8
7	8	1	5	4	3	6	2	9
4	2	6	7	8	9	1	3	5

125

9	8	5	6	3	7	4	2	1
3	6	2	4	9	1	5	8	7
7	4	1	5	8	2	9	3	6
6	7	4	2	1	9	3	5	8
8	1	9	7	5	3	6	4	2
2	5	3	8	6	4	1	7	9
5	3	6	1	2	8	7	9	4
1	2	7	9	4	5	8	6	3
4	9	8	3	7	6	2	1	5

126

7	2	1	4	9	5	6	8	3
3	6	9	2	8	1	5	7	4
5	8	4	6	7	3	2	9	1
9	1	6	8	4	7	3	2	5
4	3	7	5	2	9	8	1	6
2	5	8	1	3	6	7	4	9
6	9	3	7	1	2	4	5	8
8	7	5	9	6	4	1	3	2
1	4	2	3	5	8	9	6	7

127

5	1	3	6	9	8	7	4	2
9	8	7	2	4	5	6	3	1
4	2	6	1	7	3	5	9	8
1	5	9	8	6	2	3	7	4
6	7	4	9	3	1	2	8	5
2	3	8	4	5	7	9	1	6
3	4	5	7	8	6	1	2	9
8	6	2	3	1	9	4	5	7
7	9	1	5	2	4	8	6	3

128

8	9	3	6	4	2	1	7	5
7	6	4	5	8	1	2	3	9
1	5	2	9	7	3	4	8	6
6	3	7	1	2	4	5	9	8
5	1	8	7	6	9	3	4	2
4	2	9	3	5	8	7	6	1
2	7	6	8	3	5	9	1	4
9	8	5	4	1	7	6	2	3
3	4	1	2	9	6	8	5	7

129

8	4	2	1	6	9	3	5	7
1	3	5	7	8	2	6	4	9
7	6	9	4	5	3	8	1	2
5	7	8	9	3	1	2	6	4
9	2	3	5	4	6	1	7	8
6	1	4	8	2	7	9	3	5
4	8	1	6	9	5	7	2	3
3	9	6	2	7	4	5	8	1
2	5	7	3	1	8	4	9	6

130

9	5	3	6	4	2	8	7	1
4	1	8	3	5	7	9	6	2
2	7	6	8	1	9	5	4	3
7	4	2	9	8	3	6	1	5
6	9	5	2	7	1	3	8	4
3	8	1	4	6	5	7	2	9
1	2	9	7	3	8	4	5	6
8	3	4	5	2	6	1	9	7
5	6	7	1	9	4	2	3	8

131

3	6	5	1	4	9	2	8	7
9	7	2	5	8	6	3	1	4
1	8	4	2	3	7	6	5	9
6	2	9	4	5	8	7	3	1
7	5	3	9	1	2	8	4	6
8	4	1	7	6	3	9	2	5
5	3	7	8	9	4	1	6	2
2	1	6	3	7	5	4	9	8
4	9	8	6	2	1	5	7	3

132

7	3	4	1	6	5	8	2	9
6	5	1	2	9	8	7	3	4
9	8	2	3	4	7	5	1	6
8	1	7	5	3	4	9	6	2
5	6	9	7	2	1	3	4	8
4	2	3	9	8	6	1	5	7
1	9	8	4	5	2	6	7	3
2	7	6	8	1	3	4	9	5
3	4	5	6	7	9	2	8	1

Solutions 113

133

2	7	5	9	3	1	6	4	8
9	3	1	6	8	4	5	2	7
4	6	8	7	2	5	1	9	3
3	4	2	8	7	6	9	5	1
7	8	9	1	5	2	3	6	4
1	5	6	4	9	3	8	7	2
8	1	4	2	6	9	7	3	5
5	9	7	3	4	8	2	1	6
6	2	3	5	1	7	4	8	9

134

8	7	5	2	4	9	6	1	3
3	1	9	8	6	5	2	7	4
6	4	2	1	7	3	5	8	9
2	9	4	6	1	8	7	3	5
5	3	8	7	9	2	4	6	1
7	6	1	5	3	4	9	2	8
1	5	3	4	2	6	8	9	7
4	2	7	9	8	1	3	5	6
9	8	6	3	5	7	1	4	2

135

2	3	7	8	4	5	6	1	9
6	5	8	3	9	1	4	7	2
4	9	1	2	7	6	5	8	3
7	1	6	9	2	8	3	4	5
9	4	5	7	6	3	8	2	1
8	2	3	1	5	4	9	6	7
5	7	4	6	3	2	1	9	8
3	8	9	4	1	7	2	5	6
1	6	2	5	8	9	7	3	4

136

6	8	3	4	2	1	5	7	9
5	1	9	8	3	7	4	6	2
7	2	4	6	5	9	1	8	3
4	9	1	3	6	2	8	5	7
2	5	6	7	4	8	9	3	1
8	3	7	1	9	5	2	4	6
3	6	2	9	8	4	7	1	5
9	7	8	5	1	3	6	2	4
1	4	5	2	7	6	3	9	8

137

3	9	1	6	7	2	4	8	5
8	5	4	1	9	3	7	2	6
2	7	6	4	8	5	1	3	9
6	3	7	9	1	4	2	5	8
5	2	9	7	3	8	6	4	1
4	1	8	5	2	6	9	7	3
1	6	5	8	4	7	3	9	2
7	8	2	3	6	9	5	1	4
9	4	3	2	5	1	8	6	7

138

4	8	5	7	1	9	6	2	3
2	7	9	5	6	3	1	4	8
1	3	6	2	8	4	9	7	5
9	1	7	3	4	2	8	5	6
5	2	3	8	7	6	4	9	1
8	6	4	9	5	1	7	3	2
3	9	1	4	2	8	5	6	7
7	4	8	6	3	5	2	1	9
6	5	2	1	9	7	3	8	4

139

9	5	3	2	8	1	7	4	6
6	4	7	5	3	9	2	1	8
1	8	2	7	6	4	5	9	3
8	2	9	1	4	3	6	5	7
5	3	1	6	2	7	4	8	9
4	7	6	8	9	5	1	3	2
3	1	5	9	7	2	8	6	4
2	9	8	4	1	6	3	7	5
7	6	4	3	5	8	9	2	1

140

9	5	1	3	4	7	2	8	6
4	8	6	2	1	9	3	7	5
2	3	7	8	6	5	1	4	9
8	4	5	1	2	6	9	3	7
7	6	9	4	5	3	8	2	1
3	1	2	7	9	8	5	6	4
5	2	4	6	3	1	7	9	8
1	7	3	9	8	4	6	5	2
6	9	8	5	7	2	4	1	3

141

5	6	4	2	8	3	7	9	1
9	1	3	5	4	7	8	6	2
8	7	2	1	9	6	4	3	5
1	4	6	3	2	5	9	8	7
3	8	9	7	1	4	5	2	6
2	5	7	9	6	8	3	1	4
6	9	8	4	5	1	2	7	3
4	3	1	8	7	2	6	5	9
7	2	5	6	3	9	1	4	8

142

3	7	6	4	2	9	8	1	5
5	4	1	3	8	7	9	6	2
9	8	2	6	5	1	4	7	3
7	2	9	8	1	5	6	3	4
4	1	3	9	7	6	2	5	8
8	6	5	2	3	4	7	9	1
6	9	8	5	4	3	1	2	7
2	3	7	1	9	8	5	4	6
1	5	4	7	6	2	3	8	9

143

7	1	9	5	4	3	8	2	6
4	5	3	2	6	8	1	7	9
6	8	2	9	7	1	4	5	3
8	4	1	3	2	5	6	9	7
9	3	5	6	8	7	2	1	4
2	7	6	1	9	4	5	3	8
1	6	4	7	3	2	9	8	5
5	9	7	8	1	6	3	4	2
3	2	8	4	5	9	7	6	1

144

8	9	3	4	2	5	6	7	1
6	7	2	9	1	3	5	8	4
1	5	4	7	6	8	3	2	9
4	2	5	6	3	9	8	1	7
3	6	8	1	7	4	2	9	5
9	1	7	5	8	2	4	3	6
2	4	1	3	9	6	7	5	8
7	8	6	2	5	1	9	4	3
5	3	9	8	4	7	1	6	2

Solutions 114

145
9	6	7	2	1	4	8	5	3
1	4	5	7	3	8	9	2	6
8	2	3	5	6	9	7	1	4
4	8	9	1	5	2	3	6	7
5	1	6	3	4	7	2	9	8
3	7	2	8	9	6	5	4	1
6	9	8	4	7	5	1	3	2
7	3	4	9	2	1	6	8	5
2	5	1	6	8	3	4	7	9

146
7	5	8	1	6	2	4	9	3
6	9	1	7	3	4	5	8	2
4	2	3	8	9	5	1	6	7
1	8	9	6	5	3	2	7	4
2	4	7	9	1	8	6	3	5
3	6	5	4	2	7	9	1	8
8	3	6	2	4	9	7	5	1
5	1	2	3	7	6	8	4	9
9	7	4	5	8	1	3	2	6

147
8	6	2	1	3	9	5	7	4
3	5	4	6	2	7	9	1	8
7	1	9	5	4	8	3	6	2
6	7	5	9	1	2	8	4	3
1	4	3	8	5	6	7	2	9
2	9	8	3	7	4	1	5	6
9	3	7	4	6	5	2	8	1
5	8	6	2	9	1	4	3	7
4	2	1	7	8	3	6	9	5

148
6	2	3	1	8	9	4	5	7
1	8	5	3	4	7	6	9	2
9	7	4	5	6	2	3	1	8
8	3	2	4	7	1	5	6	9
4	5	6	2	9	8	1	7	3
7	1	9	6	5	3	2	8	4
2	6	7	8	3	5	9	4	1
3	4	8	9	1	6	7	2	5
5	9	1	7	2	4	8	3	6

149
9	2	4	5	1	7	6	8	3
5	8	3	9	4	6	2	1	7
7	6	1	2	3	8	5	9	4
1	4	7	3	6	9	8	5	2
6	9	2	7	8	5	4	3	1
3	5	8	4	2	1	9	7	6
4	3	5	8	7	2	1	6	9
8	7	6	1	9	4	3	2	5
2	1	9	6	5	3	7	4	8

150
5	2	7	4	6	1	8	3	9
8	4	6	9	5	3	1	2	7
1	9	3	2	7	8	4	6	5
2	7	9	8	4	6	3	5	1
3	1	5	7	9	2	6	4	8
6	8	4	1	3	5	9	7	2
7	3	8	5	1	4	2	9	6
4	5	2	6	8	9	7	1	3
9	6	1	3	2	7	5	8	4

151
2	7	3	8	5	1	4	6	9
9	5	8	2	4	6	1	3	7
4	6	1	7	3	9	5	8	2
6	9	2	3	7	4	8	5	1
7	3	5	1	6	8	9	2	4
8	1	4	9	2	5	3	7	6
1	4	6	5	8	2	7	9	3
3	8	9	6	1	7	2	4	5
5	2	7	4	9	3	6	1	8

152
6	7	4	9	8	3	5	1	2
3	2	8	5	4	1	7	9	6
1	9	5	6	7	2	4	3	8
2	1	9	8	5	6	3	4	7
7	4	3	2	1	9	8	6	5
8	5	6	4	3	7	9	2	1
4	8	1	3	2	5	6	7	9
5	6	7	1	9	4	2	8	3
9	3	2	7	6	8	1	5	4

153
9	1	5	3	8	4	2	7	6
3	7	8	5	2	6	9	4	1
4	2	6	9	1	7	5	8	3
7	6	9	1	3	5	8	2	4
2	8	1	6	4	9	7	3	5
5	4	3	2	7	8	1	6	9
6	3	7	8	9	1	4	5	2
1	5	4	7	6	2	3	9	8
8	9	2	4	5	3	6	1	7

154
3	9	2	1	8	7	6	4	5
8	7	1	5	4	6	9	2	3
6	4	5	9	2	3	8	7	1
1	2	6	4	3	8	5	9	7
4	8	9	6	7	5	3	1	2
7	5	3	2	1	9	4	8	6
2	3	8	7	6	4	1	5	9
5	6	7	8	9	1	2	3	4
9	1	4	3	5	2	7	6	8

155
7	9	4	2	3	1	6	5	8
6	5	8	7	4	9	2	3	1
3	1	2	8	5	6	7	4	9
2	4	6	3	8	7	9	1	5
9	3	1	6	2	5	4	8	7
8	7	5	1	9	4	3	2	6
5	2	3	9	6	8	1	7	4
1	8	9	4	7	2	5	6	3
4	6	7	5	1	3	8	9	2

156
7	3	1	4	5	6	8	2	9
4	8	2	7	9	3	6	5	1
5	9	6	2	1	8	3	7	4
9	4	8	3	6	2	7	1	5
1	7	5	9	8	4	2	6	3
2	6	3	1	7	5	9	4	8
8	1	7	5	2	9	4	3	6
3	2	9	6	4	1	5	8	7
6	5	4	8	3	7	1	9	2

Solutions 115

157

1	8	7	5	3	6	2	9	4
4	2	9	8	7	1	5	6	3
3	6	5	2	4	9	1	8	7
6	1	8	3	2	7	9	4	5
5	9	3	4	1	8	7	2	6
2	7	4	6	9	5	8	3	1
7	3	1	9	6	2	4	5	8
8	4	2	1	5	3	6	7	9
9	5	6	7	8	4	3	1	2

158

8	2	4	7	9	5	6	3	1
9	7	5	1	6	3	2	8	4
1	3	6	4	2	8	9	7	5
5	6	8	9	3	4	1	2	7
4	1	3	5	7	2	8	6	9
7	9	2	6	8	1	5	4	3
3	8	9	2	5	7	4	1	6
6	4	7	8	1	9	3	5	2
2	5	1	3	4	6	7	9	8

159

7	9	6	3	2	8	1	4	5
4	2	5	7	9	1	6	3	8
3	8	1	4	5	6	2	9	7
2	5	3	1	7	4	8	6	9
6	1	4	8	3	9	5	7	2
8	7	9	5	6	2	4	1	3
9	6	7	2	4	5	3	8	1
5	3	8	6	1	7	9	2	4
1	4	2	9	8	3	7	5	6

160

6	9	1	8	5	2	7	3	4
2	3	5	9	7	4	8	6	1
8	4	7	3	1	6	9	2	5
7	6	8	1	9	3	5	4	2
1	5	9	4	2	7	6	8	3
4	2	3	6	8	5	1	7	9
9	8	6	2	3	1	4	5	7
5	1	2	7	4	8	3	9	6
3	7	4	5	6	9	2	1	8

161

3	8	7	1	2	6	4	9	5
6	5	4	8	9	7	3	2	1
9	2	1	4	5	3	7	8	6
8	3	2	7	6	5	1	4	9
1	9	5	2	3	4	8	6	7
4	7	6	9	1	8	2	5	3
5	1	8	3	4	9	6	7	2
2	4	9	6	7	1	5	3	8
7	6	3	5	8	2	9	1	4

162

2	6	7	4	5	8	1	3	9
5	4	1	9	2	3	8	7	6
3	8	9	6	1	7	2	4	5
6	9	5	3	4	2	7	1	8
8	7	4	5	9	1	3	6	2
1	3	2	7	8	6	9	5	4
4	1	3	2	6	9	5	8	7
7	2	6	8	3	5	4	9	1
9	5	8	1	7	4	6	2	3

163

1	4	7	9	2	5	8	6	3
8	2	3	4	1	6	9	5	7
6	5	9	8	3	7	4	1	2
9	8	1	6	7	2	3	4	5
4	3	5	1	9	8	7	2	6
7	6	2	5	4	3	1	9	8
2	9	6	7	8	4	5	3	1
5	7	4	3	6	1	2	8	9
3	1	8	2	5	9	6	7	4

164

1	9	7	4	2	3	5	8	6
5	8	6	7	9	1	2	4	3
4	2	3	5	8	6	7	9	1
7	1	5	8	4	2	6	3	9
2	6	8	3	7	9	1	5	4
9	3	4	6	1	5	8	2	7
8	4	1	9	5	7	3	6	2
6	7	9	2	3	8	4	1	5
3	5	2	1	6	4	9	7	8

165

9	4	1	5	6	7	8	2	3
8	6	7	3	1	2	5	4	9
2	3	5	8	9	4	7	1	6
7	9	8	4	2	3	1	6	5
5	2	6	7	8	1	3	9	4
3	1	4	6	5	9	2	8	7
6	8	2	9	7	5	4	3	1
4	7	9	1	3	8	6	5	2
1	5	3	2	4	6	9	7	8

166

2	8	9	1	4	3	7	5	6
1	4	7	9	6	5	3	8	2
3	5	6	2	7	8	1	4	9
9	1	2	3	5	6	4	7	8
4	6	8	7	1	9	5	2	3
7	3	5	4	8	2	9	6	1
5	9	4	8	2	1	6	3	7
6	2	1	5	3	7	8	9	4
8	7	3	6	9	4	2	1	5

167

5	6	4	1	3	2	9	8	7
3	2	7	4	8	9	5	1	6
1	9	8	5	6	7	4	3	2
2	8	5	7	4	3	1	6	9
7	4	3	9	1	6	8	2	5
9	1	6	8	2	5	7	4	3
6	7	1	2	5	8	3	9	4
4	5	2	3	9	1	6	7	8
8	3	9	6	7	4	2	5	1

168

7	4	9	2	5	1	6	8	3
2	3	8	9	6	4	1	7	5
5	6	1	3	8	7	2	4	9
4	9	2	8	3	6	7	5	1
6	8	5	7	1	2	9	3	4
3	1	7	5	4	9	8	2	6
8	2	3	1	9	5	4	6	7
1	7	4	6	2	3	5	9	8
9	5	6	4	7	8	3	1	2

Solutions 116

169
1	6	2	7	4	8	9	5	3
8	5	7	3	2	9	1	6	4
9	4	3	6	1	5	8	7	2
7	1	5	9	6	3	2	4	8
3	9	8	4	7	2	5	1	6
6	2	4	8	5	1	7	3	9
4	8	9	5	3	7	6	2	1
2	7	6	1	8	4	3	9	5
5	3	1	2	9	6	4	8	7

170
6	7	9	8	3	2	4	5	1
8	1	5	6	9	4	2	7	3
4	2	3	7	1	5	6	9	8
1	3	7	9	2	6	8	4	5
9	4	6	1	5	8	7	3	2
5	8	2	3	4	7	1	6	9
7	9	4	2	8	3	5	1	6
3	5	8	4	6	1	9	2	7
2	6	1	5	7	9	3	8	4

171
7	6	5	3	4	8	2	9	1
3	9	1	2	5	6	8	7	4
8	4	2	9	1	7	3	6	5
9	5	7	4	2	1	6	8	3
2	1	6	7	8	3	4	5	9
4	8	3	6	9	5	1	2	7
1	7	9	8	3	2	5	4	6
6	3	8	5	7	4	9	1	2
5	2	4	1	6	9	7	3	8

172
7	5	9	3	2	6	8	4	1
6	8	1	7	4	9	5	3	2
4	2	3	5	1	8	6	7	9
8	7	6	4	9	3	1	2	5
5	9	4	2	7	1	3	6	8
1	3	2	6	8	5	4	9	7
2	4	5	1	6	7	9	8	3
3	6	8	9	5	2	7	1	4
9	1	7	8	3	4	2	5	6

173
2	1	8	5	4	7	9	3	6
4	7	5	9	6	3	2	1	8
9	3	6	1	2	8	5	7	4
1	6	9	3	7	2	8	4	5
8	5	3	6	1	4	7	2	9
7	4	2	8	5	9	1	6	3
5	2	1	4	9	6	3	8	7
3	9	4	7	8	1	6	5	2
6	8	7	2	3	5	4	9	1

174
1	5	2	4	7	6	8	3	9
8	7	3	2	1	9	5	4	6
9	4	6	3	8	5	7	2	1
2	9	8	6	5	3	1	7	4
5	1	7	9	4	8	2	6	3
3	6	4	7	2	1	9	5	8
7	8	5	1	6	4	3	9	2
6	3	1	5	9	2	4	8	7
4	2	9	8	3	7	6	1	5

175
3	5	7	2	8	6	9	4	1
9	2	8	7	1	4	6	3	5
1	6	4	3	5	9	7	8	2
5	7	6	4	9	8	2	1	3
2	4	9	6	3	1	8	5	7
8	3	1	5	2	7	4	9	6
6	9	3	1	4	2	5	7	8
7	8	5	9	6	3	1	2	4
4	1	2	8	7	5	3	6	9

176
5	6	3	8	4	2	1	7	9
4	8	1	6	9	7	5	3	2
7	2	9	3	5	1	8	4	6
1	4	7	9	2	6	3	5	8
3	5	6	7	8	4	2	9	1
2	9	8	5	1	3	7	6	4
6	1	2	4	3	5	9	8	7
8	7	5	1	6	9	4	2	3
9	3	4	2	7	8	6	1	5

177
4	1	9	6	5	2	3	7	8
5	6	2	3	8	7	4	1	9
7	8	3	1	4	9	2	6	5
2	7	4	9	6	5	8	3	1
1	9	8	2	3	4	6	5	7
3	5	6	8	7	1	9	2	4
6	2	1	5	9	8	7	4	3
9	3	7	4	1	6	5	8	2
8	4	5	7	2	3	1	9	6

178
8	9	2	4	6	3	1	7	5
6	4	7	8	5	1	3	2	9
5	3	1	2	7	9	6	8	4
4	8	5	6	3	2	7	9	1
7	2	6	1	9	4	8	5	3
3	1	9	5	8	7	4	6	2
9	7	8	3	1	5	2	4	6
1	6	4	9	2	8	5	3	7
2	5	3	7	4	6	9	1	8

179
5	1	4	8	7	2	3	6	9
9	6	2	1	5	3	8	4	7
7	3	8	6	9	4	2	1	5
1	4	7	2	3	5	9	8	6
8	9	3	4	6	7	1	5	2
2	5	6	9	8	1	4	7	3
6	2	1	5	4	9	7	3	8
3	8	9	7	1	6	5	2	4
4	7	5	3	2	8	6	9	1

180
3	4	2	7	8	6	9	1	5
8	5	6	1	3	9	7	2	4
1	7	9	2	4	5	8	6	3
4	2	5	9	7	1	3	8	6
6	9	3	8	5	2	1	4	7
7	1	8	4	6	3	5	9	2
2	3	1	5	9	4	6	7	8
9	6	7	3	2	8	4	5	1
5	8	4	6	1	7	2	3	9

Solutions 117

181

8	6	1	7	2	3	9	5	4
7	3	2	4	5	9	8	1	6
9	4	5	6	8	1	2	3	7
1	9	7	8	4	6	3	2	5
6	8	3	5	1	2	7	4	9
5	2	4	9	3	7	1	6	8
2	7	9	1	6	5	4	8	3
4	1	6	3	7	8	5	9	2
3	5	8	2	9	4	6	7	1

182

8	6	5	2	1	4	7	3	9
9	7	3	8	5	6	1	4	2
4	2	1	7	9	3	6	5	8
6	5	4	9	7	2	3	8	1
3	8	2	5	6	1	9	7	4
7	1	9	4	3	8	5	2	6
1	9	8	3	2	5	4	6	7
5	4	6	1	8	7	2	9	3
2	3	7	6	4	9	8	1	5

183

6	4	3	5	1	2	8	9	7
9	5	1	7	8	6	3	4	2
7	8	2	9	3	4	1	5	6
8	6	7	3	9	5	2	1	4
4	1	9	6	2	8	5	7	3
3	2	5	4	7	1	6	8	9
5	3	8	2	4	9	7	6	1
1	7	4	8	6	3	9	2	5
2	9	6	1	5	7	4	3	8

184

9	2	8	6	1	4	7	5	3
6	3	7	9	2	5	8	4	1
1	4	5	3	7	8	6	2	9
3	9	4	8	5	1	2	6	7
5	6	2	4	3	7	9	1	8
8	7	1	2	9	6	5	3	4
2	5	9	1	8	3	4	7	6
4	8	3	7	6	2	1	9	5
7	1	6	5	4	9	3	8	2

185

5	1	9	7	2	3	6	4	8
4	7	8	5	1	6	3	9	2
2	3	6	9	8	4	1	7	5
8	6	4	1	9	2	7	5	3
9	2	1	3	5	7	4	8	6
3	5	7	4	6	8	9	2	1
6	9	3	8	4	5	2	1	7
7	4	5	2	3	1	8	6	9
1	8	2	6	7	9	5	3	4

186

5	9	6	3	2	4	1	8	7
2	1	7	8	6	9	5	4	3
4	3	8	5	1	7	6	9	2
3	6	4	9	7	2	8	5	1
1	5	9	4	8	3	2	7	6
8	7	2	6	5	1	4	3	9
7	2	3	1	4	5	9	6	8
9	8	5	2	3	6	7	1	4
6	4	1	7	9	8	3	2	5

187

9	2	7	8	6	1	4	3	5
1	3	4	2	7	5	8	9	6
8	6	5	4	9	3	2	1	7
2	5	9	7	4	6	1	8	3
4	1	8	5	3	9	6	7	2
6	7	3	1	2	8	5	4	9
7	9	1	6	8	2	3	5	4
5	4	2	3	1	7	9	6	8
3	8	6	9	5	4	7	2	1

188

5	3	8	4	7	9	2	6	1
7	9	1	6	5	2	3	8	4
6	4	2	1	3	8	9	5	7
1	7	6	3	4	5	8	2	9
2	5	4	8	9	1	7	3	6
3	8	9	2	6	7	4	1	5
9	2	7	5	1	3	6	4	8
8	6	5	7	2	4	1	9	3
4	1	3	9	8	6	5	7	2

189

6	8	5	7	1	4	3	2	9
7	3	2	9	8	5	4	1	6
1	9	4	2	6	3	8	5	7
4	1	6	8	9	2	5	7	3
9	2	3	4	5	7	1	6	8
5	7	8	6	3	1	9	4	2
3	4	9	5	2	6	7	8	1
8	6	7	1	4	9	2	3	5
2	5	1	3	7	8	6	9	4

190

9	3	2	7	1	4	5	8	6
8	1	6	2	5	3	7	4	9
5	4	7	6	9	8	1	2	3
7	5	1	9	3	2	4	6	8
2	8	9	1	4	6	3	7	5
3	6	4	5	8	7	9	1	2
6	7	5	4	2	9	8	3	1
1	2	8	3	7	5	6	9	4
4	9	3	8	6	1	2	5	7

191

1	2	3	4	6	7	9	8	5
8	9	5	3	1	2	6	7	4
7	4	6	8	5	9	3	1	2
6	8	2	5	3	4	1	9	7
5	7	4	1	9	6	8	2	3
3	1	9	2	7	8	4	5	6
9	5	7	6	4	1	2	3	8
4	3	8	9	2	5	7	6	1
2	6	1	7	8	3	5	4	9

192

7	6	8	3	1	5	4	9	2
5	4	9	6	7	2	8	1	3
2	3	1	9	8	4	5	7	6
3	9	5	2	6	1	7	4	8
1	2	6	8	4	7	3	5	9
4	8	7	5	9	3	2	6	1
8	1	2	4	5	6	9	3	7
6	5	3	7	2	9	1	8	4
9	7	4	1	3	8	6	2	5

Solutions 118

193

9	5	2	1	6	3	7	4	8
8	1	3	7	5	4	2	9	6
7	6	4	9	2	8	3	1	5
3	8	6	5	4	2	1	7	9
2	9	5	6	7	1	4	8	3
4	7	1	8	3	9	5	6	2
1	4	9	2	8	5	6	3	7
6	2	8	3	1	7	9	5	4
5	3	7	4	9	6	8	2	1

194

3	1	9	4	7	8	2	6	5
2	6	7	5	1	3	9	8	4
8	4	5	9	2	6	1	7	3
9	5	2	1	3	7	6	4	8
7	8	6	2	4	5	3	1	9
1	3	4	6	8	9	7	5	2
5	9	8	3	6	1	4	2	7
6	2	3	7	5	4	8	9	1
4	7	1	8	9	2	5	3	6

195

9	7	6	2	3	1	5	8	4
3	8	5	9	6	4	7	2	1
4	2	1	5	8	7	6	3	9
2	1	7	8	9	6	4	5	3
8	5	4	1	2	3	9	7	6
6	3	9	4	7	5	2	1	8
7	4	2	3	1	9	8	6	5
5	6	3	7	4	8	1	9	2
1	9	8	6	5	2	3	4	7

196

8	9	4	3	1	7	2	5	6
5	3	1	9	6	2	4	7	8
6	2	7	5	8	4	3	1	9
1	7	8	2	9	5	6	3	4
3	4	9	8	7	6	1	2	5
2	5	6	1	4	3	8	9	7
4	1	3	6	5	9	7	8	2
9	6	2	7	3	8	5	4	1
7	8	5	4	2	1	9	6	3

197

8	5	9	4	2	7	1	3	6
2	1	7	3	9	6	4	5	8
4	6	3	5	1	8	7	2	9
3	7	2	6	5	4	8	9	1
5	8	1	9	7	3	6	4	2
6	9	4	2	8	1	5	7	3
7	4	8	1	3	9	2	6	5
1	3	5	7	6	2	9	8	4
9	2	6	8	4	5	3	1	7

198

9	8	6	4	1	7	3	2	5
1	5	2	9	8	3	6	7	4
3	7	4	6	2	5	8	9	1
8	3	9	2	7	4	1	5	6
4	2	7	1	5	6	9	8	3
6	1	5	8	3	9	2	4	7
5	4	8	3	6	2	7	1	9
7	6	1	5	9	8	4	3	2
2	9	3	7	4	1	5	6	8

199

7	8	9	5	1	6	2	4	3
5	2	6	9	4	3	8	1	7
1	3	4	8	2	7	5	9	6
3	7	1	4	9	5	6	8	2
2	4	5	7	6	8	9	3	1
6	9	8	1	3	2	4	7	5
4	6	3	2	8	1	7	5	9
9	5	2	3	7	4	1	6	8
8	1	7	6	5	9	3	2	4

200

9	1	5	7	8	6	2	3	4
2	7	6	4	5	3	9	8	1
8	4	3	2	9	1	7	5	6
7	8	9	1	6	2	3	4	5
5	6	4	8	3	7	1	9	2
3	2	1	5	4	9	8	6	7
4	3	2	6	1	8	5	7	9
1	5	8	9	7	4	6	2	3
6	9	7	3	2	5	4	1	8